末吉里花

エシカル革命

新しい幸せの
ものさしをたずさえて

山川出版社

はじめに

この本を手にとってくださり、ありがとうございます。
突然ですが、ここでクエスチョンです。

あなたは、今の暮らしや自分自身に満足していますか？
それとも、何かしらの迷いや悩みを抱えているでしょうか？

正直私は、不安に押しつぶされそうになっています。
なぜなら、私たちは今、気候変動というとてつもなく大きな問題の最中に生きていて、これからもこの地球で暮らしていけるかどうかの瀬戸際に立たされているからです。

同時に今、パンデミックによってこれまでとは異なる新しい行動様式が生まれ、皆が刻一刻と変わる状況に合わせながら暮らしていくことが求められています。

きっと、この本と出会ってくださったあなたも、多かれ少なかれ心配事があったり、世の中に対して疑問を感じていたり、自分自身の状況を変えたいと望んだりしているかもしれません。

暗いトンネルの中を進むような日々、何を頼りに生きていけばいいのか、どんな暮らし方を選んでいけば、世界も私たちも、よりよい方向に向かうのか。

誰もが、とても迷っています。私自身もそうです。

仕事の手を止めて、最近日課にしている散歩に出かけ、空を見上げ、深呼吸し、風を感じて思いを巡らせます。この地球が、これからもずっと続いていくためにできることはあるだろうか。私に、伝えられることはあるだろうかと。

そんな日々の中で、私はこんなふうにも感じています。

多くの人たちがつまずきながらも、以前の状態に戻ろうとするのではなく、希望ある新たな世界像に向けて必死で歩み始めている、と。

その新たな世界像を作るために必要なのが、「エシカル」というものさしです。

それは、まだ私たちになじみがなく、未完成で、未熟かもしれません。

でも、これから始まる新たな時代を生きるために欠かせないものさしです。変化のチャンスを生み、暗闇を抜ける道を照らすためのトーチとなり得ると私は思っています。嬉しいことに、このものさしは、地球上の誰もがたずさえることができます。

エシカルとは、直訳すると「倫理的な」という意味ですが、私が代表理事を務める一般社団法人エシカル協会では、「人や社会、地球環境（人間以外の生き物も含む）、地域に配慮した考え方」と説明しています。

この本では、エシカルというものさしで世界の状況を照らし出しながら、どんな視点でどのような選択をしていけば、私たちがよりよい方向へ進んでいけるのかについてお話ししていきます。

といっても、堅苦しい話をするつもりはないので安心してください。

生きることとは、日々の暮らしの積み重ねです。

毎日、何を食べ、何を着て、どんな暮らしを送るのか。

何を見て笑い、誰と、どんな対話を重ねていくのか。

何を作り出し、あるいは、どのような「消費」をしていくのか。

あなたと一緒に、私たちが目指すべき未来への道のりについて、考えていけたらと思います。

私たちの〝豊かさ〟や〝便利さ〟を支えていたものは何?

もともと私は、社会的な活動に興味があったわけではありません。「世界ふしぎ発見!」という番組のミステリーハンターとして、2004年にキリマンジャロに登頂した際に、温暖化の影響で氷河が溶け出しているのを見て衝撃を受け、自分の暮らしや社会のあり方を見直す必要性を痛感しました。

世界各地を巡るレポートの旅で私が目の当たりにした現実は、先進国の暮らしが、地球の環境や遠い国の弱い立場にある人たちの生活を脅かしているという事実でした。

私たちが受けていた〝豊かさ〟や〝便利さ〟は、誰かや何かの犠牲の上に立っていたものだったのです。それらの事実を知って、私はエシカルな考え方や暮らし方を普及する活動をスタートし、2015年にエシカル協会を設立。2016年に前著『はじめてのエシカル』(山川出版社)を上梓しました。

活動をやってきて、私なりにひとつわかったことがあります。

私たちは、不公平で不公正、不完全な社会に変化を促す力を持っているということです。そのことに気づいたとき、どんなに悲観的な現実を目の前にしても、自らの行動に大きな希望を見いだせるようになりました。

変化のためのチャンスが訪れている

前著を出版したあと、コロナ禍を経て世界は変わり、今、ＳＤＧｓ（持続可能な開発目標）やサステナビリティ（持続可能であること）という言葉が広く浸透し、気候変動も注目を集めています。これからも、私たちを取り巻く状況は大きく変わっていくでしょう。

『進化論』を著したチャールズ・ダーウィンの有名な言葉があります。

「生き残る種は強者ではない。極めて賢い者でもない。変化にもっとも柔軟に対応できる者だ」

ダーウィンの言葉を参考にするならば、他の生き物たちと同じように、私たち人間も変化に対応できる柔軟性を持たないと、持続可能ではなくなるかもしれません。

新しい習慣や常識を選ぶ時期が来ています。

今までのやり方や古い考え方を手放す時が来ています。

エシカルに生きるとは、毎日の中で自分にとっても、人や地球環境、他の生き物にとっても「いいこと」を少しずつ積み重ね、誰もが幸せな未来をつくっていくプロセスです。

新たな道を選べば、もっと自分にとっていいことが待っているかもしれません。そして、それが結果的に、地球や他の生き物、他の人たちにとってもいいことにつながるかもしれないのです。

誰もが世界を変える力を持っている

実は、活動の中で、もうひとつ気づいたことがあります。

エシカルな生き方を選んでいくのは、自分自身を見つめ直すこと。もっとはっきり言うなら、生き方を問うことだと。

ほんとうの意味で豊かな暮らしとは何か。改めて自分に問い直してみたら、肩の力が抜け、以前より楽に進めるようになりました。本書では、日頃多くの方からいただく悩みや相談も交えながら、エシカルに生きるとはどういうことかについて、今の考えをお話しできればと思います。

さらに、自分の暮らしを一歩超えて、社会と関わっていく新しいエシカルのスタイルについても本書には記しました。これは、前著に書けなかった新たなチャレンジです。

世界を動かすには、自分たちの生活を変えるだけでなく、意思表明していくことも必要です。変化を起こすためのポジティブな意思の伝え方や行動を探っていければと考えています。

私たちが起こすひとつひとつの変化は、ささやかかもしれません。

しかし、それが重なっていけばいつか大きな力になります。エシカルに暮らし、行動することによって、どんな人も「革命」を起こすことができるのです。それも、毎日を楽しみながら。

これは、約17年間の活動を通して得た私の実感です。

「革命」という言葉は、大げさに聞こえるでしょうか。

でも、そう呼べるほどダイナミックな変容を、小さくて大きな革命を、私たちは日々の中から起こすことができる。私は、そう思っています。

ぜひ覚えていてほしいのは、どんな人にもそういう力が備わっているということです。もちろん、あなたにも！

さあ、私たちが持つ力を思い出す旅、日々の暮らしから新しい未来をつくる旅を始めましょう。

この本が、あなたの一歩、さらにもう一歩を後押しする助けになることを祈っています。

目次

3章 変化を楽しみながら進むには 103

1章

「当たり前」の裏側には何があるの？

「今」を見直すことから始めよう

旅は、私たちがいる現在地をよく見てみることから始めましょう。照らし出された現実をもとに、今必要なエシカルな考え方や暮らし方とは何かを考えていければと思います。

なぜ、現在地を知ることから始めるのか。それは、現実がわからなければ目標を設定できず、ゴールに向かうための筋道を立てられないから。そして、エシカルについて考える時にもっとも大事なのが、「相手」が見えることだからです。

相手とは、私たちの暮らしに欠かせない食べ物や洋服、生活用品などの生産や流通に関わる人たちであり、その現場にある問題のことです。

あなたが今着ているものや今日食べたもの、使っているものは、誰がどうやって作ったか、わかるでしょうか。どのようなルートであなたの手元にやってきたか、知っているでしょうか。

手頃な値段で、流行の服やかわいい雑貨が手に入る。

遠い国の食べ物が1年を通して棚に並び、いつでも気軽に買える。

そんな「当たり前」の裏側に何があるのか。残念ながら、私たちが日頃手にするもののほとんどは、その背景がよく見えません。

複雑になった今の社会では、私たち生活者と生産者の間には、大きな厚い壁が存在するからです。

「壁の向こう」には、さまざまな問題がある

その壁の向こうでは、さまざまな問題が起きています。

これもまた残念なことですが、私たちが今恩恵を受けている消費社会の裏側には、環境破壊や人権侵害、貧困、生物多様性の損失などいくつもの問題が潜んでいます。

そして、何も意識しなければ、私たちは知らないうちに問題に加担する当事者になっていたりします。

あなたはこう思うかもしれません。

他の人たちと同じように、お店やネットで買い物をしているだけなのに、そんなことってあるのだろうか。……答えは、イエスです。

もし、私たちの生活を支えるために、人や自然が踏み台になっていたとしたら。

もし、自分の大切なお金で買った洋服や美味しくいただいている食事が、誰かを傷つけたり環境破壊の原因になっていたりしたとしたら。

それは、とても悲しいことです。同じ人間として、地球に生きる者として、変えていかなければならない。多くの人がそう思うのではないでしょうか。

でも同時に、こう感じる人もいるでしょう。「自分ひとりでできることなんて少ないし」「普通に暮らしてるだけなのに、そんなことを言われても……」。

私自身も、現実に起きていることを知った時、ショックを受け、戸惑いました。

しかし、さまざまな人に出会い、また自分でも勉強を重ねる中で、問題を解決する道筋があると気づいたのです。


では、その道筋をたどって解決へと向かうはじめの一歩は何か。

それが、壁の向こうの「見えないもの」を見ようとする姿勢です。そして、「見えないもの」に思いを馳せようとする想像力です。

私の古くからの友人であり、元子ども兵支援や地雷除去に取り組む認定NPO法人テラ・ルネッサンス創設者の鬼丸昌也さんがこう言っていました。

「問題というのは、誰かが『問題』として認知することによって、はじめて『問題』として認識される」

「当たり前」の裏側で、人や生き物たちの暮らし、自然が犠牲になっている事実があるとわかれば、その現実を変えていくことができます。それも、今すぐできる暮らしの工夫や毎日の買い物の中から。

そのためにも、まずは壁の向こうを見る必要があるのです。

人は知れば、気にかける

実際、人の行動や意識は、相手が見えた瞬間に変わります。

たとえば、ベルリン市内で行われた社会的な実験を見てみましょう。

ある日、ベルリンの街中に２ユーロ、約２６０円（２０１５年当時）で購入できる

Tシャツの自動販売機が登場します。安いので、多くの人がその自販機のところに購入しにきます。

コインを投入すると……、その安いTシャツを作った人たちの様子を映した動画が流れ始めます。「搾取工場」と呼ばれる劣悪な環境で働く人たちの姿です（くわしくは、拙書『はじめてのエシカル』をご覧ください）。

動画の最後には、「1日16時間労働で時給13セント。苦しい思いをしながら作っています」と説明され、「これを知っても、あなたはこのTシャツが欲しいですか？」というメッセージが出てきます。そして、Tシャツを買おうとやってきた人には、「購入する」か「寄付する」という選択肢が与えられます。

この実験を行った事務局によると、ほとんどの人が「寄付する」という選択をしたそうです。動画に出てくる最後のメッセージが重要です。


「People care when they know（人は知れば、気にかける）」

相手が見えると、人は変わる。この事実を端的に示した実験です。

世界を動かしたひとつの事故

これは、2013年4月に起きたラナプラザという縫製工場の崩壊事故を受けたキャンペーンの一環として行われた実験でした。

バングラデシュのラナプラザ崩壊事故。この事故は、ファッション業界のみならず、世界中に大きなショックをもたらしました。

本来は5階建てなのに、違法に建て増しされた8階建てのビルが崩壊し、1130人を超える犠牲者と2500人もの負傷者が出た事故です。その多くが、10代から20代の女性でした。彼女たちが作っていたのは、誰もが知っている有名ブランドやファストファッションの洋服です。

事故の前日には、ビルに大きな亀裂があることがわかっていたにもかかわらず、女性たちは休むことを許されませんでした。当時、彼女たちの月給は5000円。1日の労働時間は、14時間におよぶこともあったそうです。

「世界中に大きなショックをもたらした」と書きましたが、講演などで話すと「はじめて聞いた」と驚く方も少なくありません。今の社会に、作り手と使い手を隔てる大きな壁があるということは、先ほどお話しした通りです。

でも反対に、事実を知ることで一歩踏み出せます。

ラナプラザの事故を受けて、業界では、ファッションのあり方を見直そうという「ファッションレボリューション」というムーブメントが起こりました。今でも、事故が起きた4月24日を挟む前後1週間は毎年世界的なキャンペーンが行われています。

知ることは、周囲を変える力になる

私は日頃、子どもから大人まで幅広い人たちに話をしますが、「知る」ことの大切さはいつも感じさせられています。Z世代と呼ばれる若者たちはとりわけ敏感です。

ある高校生は自分が今まで購入してきた洋服が、もしかしたら搾取工場で作られているかもしれないことを私の授業で知り、こんなメールをくれました。

「末吉さんのお話で、自分が誰かを傷つけているのかもしれないと知りました。今後、大量生産されている安い洋服を買うことができないくらいショックを受けました。これから私は、いったいどうしたらいいでしょうか？」

事実を知ったあとに湧き起こる感情は人それぞれですが、彼女はひどく動揺をしていました。私は彼女に、次のように返事をしました。

「私も数年前までこうした事実を知らなかったので、知った時にショックを受けました。同時に、無知でいることは罪であるとさえ思いました。でも、希望を持ってください！　なぜなら、知ったあとにこそ、できるアクションがたくさんあるからです」

「問題を知る」ということは、言い換えれば、解決への一歩を踏み出したことになります。

その後、彼女は、学校で『ザ・トゥルー・コスト：ファストファッション 真の代償』という映画を自主上映しました。ファッション産業の実態を描いた映画です。彼女自身が、生徒たちに「知る」機会を提供したのです。それだけでなく、関心のある生徒を集めて、話し合う時間も作ったそうです。

「人は知れば、気にかける」

だからこそ、エシカル協会では「知る」機会を積極的に作ってきました。

主な場として、「エシカル・コンシェルジュ講座」と呼ばれる全11回の連続講座を、年に2回開講しています。今までに、約2000人のコンシェルジュが誕生。日本全国でエシカルの「案内人」として活躍してくれています。

世界の現実を浮き彫りにした17の目標

私たちが生きている世界には、解決しなければならないさまざまな問題がある。それをわかりやすい形で明らかにしてくれたのが「SDGs：Sustainable Development Goals（持続可能な開発目標）」の17の目標です。

この目標は今、いたるところで謳われているので、あなたもきっと何度も見聞きしているでしょう。

改めてお伝えすると、SDGsは2030年までに、先進国も途上国も、国も企業も民間団体も個人も、みんなで協力しながらよりよい未来をつくろうと、国連で決まった17個の目標です。その内容は多岐にわたっていますが、大きく3つに分けることができます。

1つ目は、経済。どうやって経済を成長させるのか（成長の意味も問われます）、どのように産業や技術を革新していけばいいのかといったことです。

2つ目は、社会。貧しさや飢餓で苦しんでいる人をなくし、すべての人に教育が行き届くようにすること。そして、平和な社会をつくっていくことです。

3つ目は、環境。海や森の環境だけではなく、エネルギーの使い方、食べ物や水資源の利用法なども含まれます。

それぞれの目標の下には、ターゲットという、より具体的な目標が169個掲げられています。社会の中にある課題は複雑に絡み合っていますから、17個の目標はすべてつながっているのです。


これらの目標から、どんな現実が見えてくるでしょうか。

今の世界には、飢えていたり貧困にあえいでいたりする人、安全な水やトイレが得られない人たちが大勢いる。教育や医療、福祉の不平等がある。

また、商品を作る側も使う側も環境や人権に対して無責任であり、自然が脅かされている。気候変動に対する具体策が不十分だ……。

つまり、私たちの置かれている状況は非常に厳しいことがわかります。

しかし、17の目標をかならず達成するのだという気持ちと行動力さえあれば、目標はきっと「現実」になるはずです。

人間が地球に与えた深刻なインパクト

17の目標すべてのベースになるのは、環境に関するテーマです。

29ページの図をご覧ください。これは、ウェディングケーキモデルと呼ばれるもので、17の目標を、環境、社会、経済の3つの分野に分けて組み立てたものです。

この図を見てもわかる通り、私たちが生きるこの星の環境が健全であることが、すべての目標を達成する基礎となります。


しかし私たち人類は、この大切な星を大きく変えてしまいました。

今私たちが生きる時代は、「人新世《ひとしんせい》」と呼ばれています。地質学用語で「人類の時代」

＜ウェディングケーキモデル＞

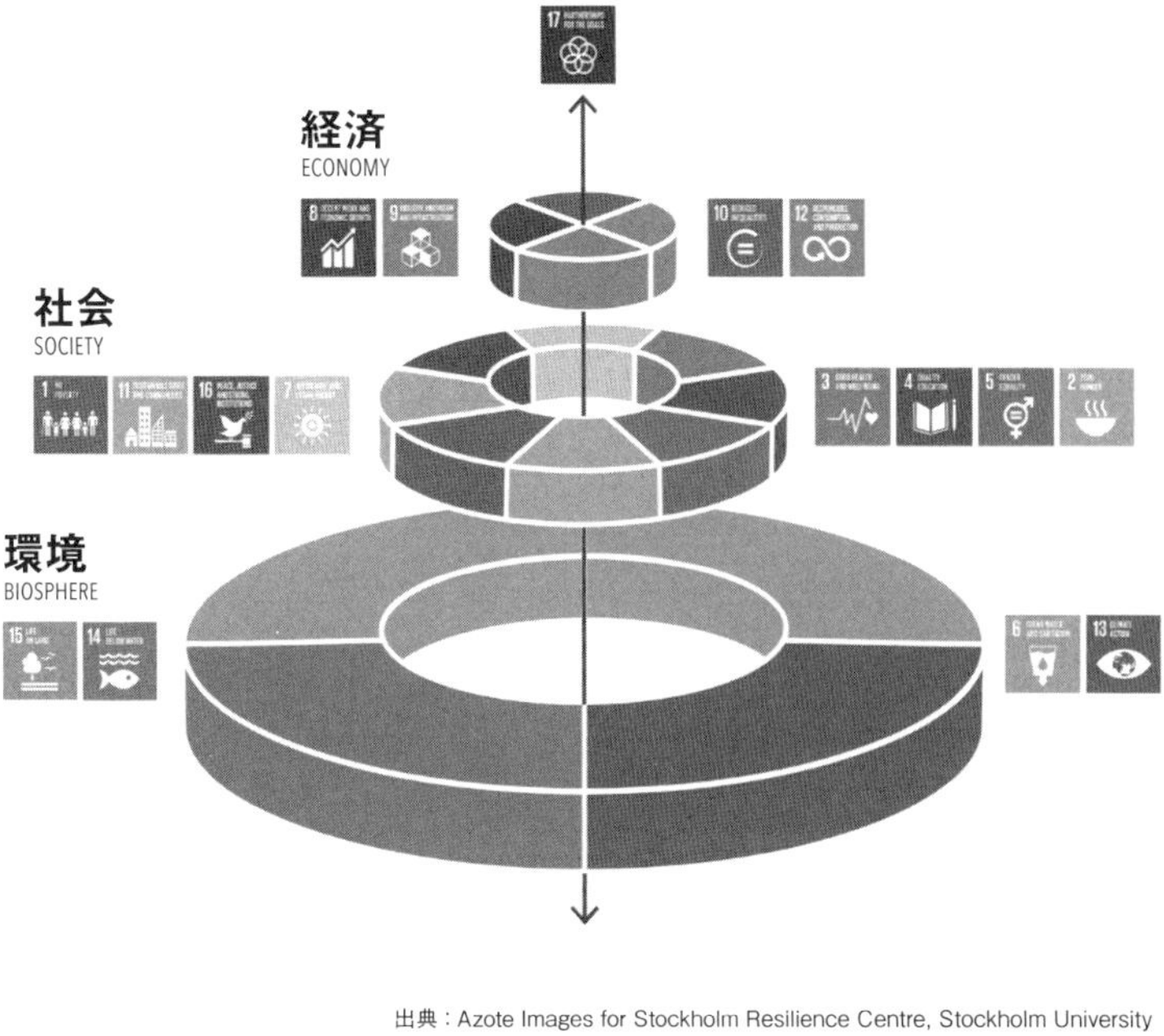

出典：Azote Images for Stockholm Resilience Centre, Stockholm University

という意味です。この言葉は、18世紀に起きた産業革命後に、人間が、地球に大きな影響をおよぼすようになったことを示しています。

「もっともっと」と経済活動を続けてきた人類は、現在までに何億年もかけて作られた地球の化石燃料（石油やガス）の半分を燃やし、膨大な二酸化炭素を排出してきました。

その結果、産業革命前までは180〜280ppm前後で推移していた大気中のCO_2濃度は、2021年には419ppmに。人類は、10万年の自然のサイクルよりもっと大きな変化を、わずか200年で作り出してしまったのです。

2021年8月、IPCC（国連の気候変動に関する政府間パネル）が公表した最新の報告書でも、地球温暖化は人の営みによるものであることが明白で「疑う余地がない」と指摘されています。

そして今、私たちにそのツケが返ってきています。

異常気象や自然災害の増加、森林火災、生態系の破壊など、連日のように流れてくるニュースを見れば、それは明らかでしょう。

2015年に温暖化対策の国際的な枠組みを決めたパリ協定では、世界の平均気温の上昇を1.5度に抑えるという目標が掲げられていますが、すでに産業革命以前のレベルから1.1度上昇しており温暖化に歯止めはかかっていません。このまま有効な対策がなされなければ、いずれ「ティッピングポイント」（ある一定のラインを超えると劇的な変化が起きる臨界点）が来ることは確実視されています。

国立環境研究所の江守正多さんによると、今問題となっているのは、一度そのポイントを超えると、複数の連鎖がドミノ倒しのように起こり、手の施しようがなくなるということだそうです。

そうなると、最終的に地球の気温は4度ほど上昇する可能性があるとのこと。連鎖は数百年単位で起きますが、最初のドミノを私たちの世代が倒してしまうかもしれないと言われています。

ターニングポイントは、まさに「今」なのです。

温暖化の被害を被るのは誰か

このペースで温暖化が進むと、日本ではどんなことが起きるのでしょうか。

江守さんは、次のようなリスクを指摘しています。

・台風が強大化し、豪雨の頻度が2倍になる
・海面上昇による浸水被害や砂浜の消滅が起きる。高潮の発生が増加する
・都市部への洪水被害や、熱中症による死者が増加する
・デング熱や日本脳炎などの感染症が増える
・農作物の収穫量の減少や品質劣化が起きる……

今も、猛暑日や水害が増えたことに危機感を感じている人は多いと思いますが、専門家による研究は、「その先」も見据えることの大切さを教えています。

世界的に見ると、干ばつや水資源不足、気温上昇によって食料不足が発生、最終的には、紛争に発展する可能性も懸念されています。

しかもこれは、私たちだけの問題ではないのです。

もっとも深刻な被害を受けるのは誰か。それは、未来を生きる世代です。

彼らは、自分たちには責任がないにもかかわらず、私たちの暮らしによって破壊された地球で生きていかなければなりません。

そして今この時も、被害に見舞われている人たちがいます。途上国に住む人々です。

バングラデシュでは、水害によって低地に住む人々が危険な状況に追い込まれており、南太平洋に位置するキリバス、バヌアツ、マーシャル諸島、ツバル、パプアニューギニアなどの島々では、海面の上昇によって国土の大部分が水没する恐れがあると言われています。さらに、南米やアフリカでは干ばつによる飢餓が続いています。

動物や植物もしかりです。山火事や異常気象で生き物の命が奪われ続けています。温暖化が進むと、21世紀中に優先保全地域の野生動植物の約半分が絶滅する恐れがあるというＷＷＦ（世界自然保護基金）の報告もあります。

つまり、先進国の暮らしから出た温室効果ガスによって、直接的には関係のない途上国の人々や生き物が被害を受け、将来世代が代償を払うことになるのです。もちろん、この地球で暮らす以上、誰ひとり温暖化の影響からは逃れられません。

このように見ていくと、つい悲観的になってしまうかもしれませんが、希望はあります。温暖化の原因を作ったのは人間ですが、それを止められるのもまた、私たち人間です。

今ヨーロッパでは、人権の視点からも温暖化対策を捉え直す動きが生まれています。ここ数年、若者のグループや民間団体が、CO_2排出によって、自分たちの職業選択の権利や生活権が脅かされていると司法機関に訴え出る例が増えているのです。

その結果、ドイツやオランダ、フランスなどでは、裁判所が政府に温暖化政策の是正を促しました。

現代世代にも未来世代にとっても、これからも安全で持続可能な地球で生きる権利があります。ヨーロッパの新しい潮流は、それを示してくれているように思います。

江守さんは、「脱炭素」ではなく、今までお世話になった炭素を卒業する「卒炭素」という考え方で進んでいけばいいのではないかとおっしゃっています。たしかに、これまでの歴史を否定するのではなく、「ここから自分たちでよりよい新たな世界をつくっていくのだ」と考えれば、世界を変える闊達なアイデアが生まれてくるのではないでしょうか。

豊かさの裏で犠牲になっている子どもたち

見えてきた世界は、なかなかハードかもしれません。でも、もう少し「壁の向こう」

へ分け入って、変化への力としていきましょう。

次にお伝えしたいのが、働かざるを得ない子どもたちの存在です。

アメリカ労働省国際労働局の発表では、77カ国、155産品で児童労働や強制労働が報告されています。

国際労働機関（ILO）の調査によると、その数は世界中で1億6千万人！　全世界の5歳から17歳までの子どもの10人にひとりが児童労働者です。そのうち、7900万人が「危険有害」と指定される仕事にたずさわっています。

悲しいことに、過去4年で840万人も増えています。SDGsでは、2025年までの児童労働の撤廃が、目標として掲げられているにもかかわらず。

誤解のないように言うと、児童労働は、家の「お手伝い」ではありません。

宝石の原石採掘のために、指を傷だらけにしながら素手で鉱山を掘り続ける子どもたちがいます。チョコレートの味すら知らないのに、ナタで腕を切り落とすリスクに晒されながらカカオ畑で働かされている子どもたちがいます。

私たちが享受している宝石やチョコレートの裏には、過酷な現実があるのです。

バナナやコーヒーなどの農産物のほか、子どもたちの生活にも関わりが深いサッカーボールやおもちゃ、花火の生産などでも、深刻な児童労働や強制労働が報告されています。

学校に講演をしに行くと、私は、これらの事実を子どもたちに伝えます。

すると、子どもたちの表情が一変して、かならずこんな質問が出ます。

「なぜ、大人たちはこんな問題があると知っているのに、解決しようとしないんですか?」

これは、当然の疑問であり、私たちが心に留めておかなければならない問いかけです。

子どもたちは、嬉しい反応も返してくれます。

事実を知ったことをきっかけに、自分たちが何をすればいいのか、どうしてこんなことが起きているのか、「その先」を考えようとしてくれるのです。

その素直な感性に、私はいつも大きな希望を感じます。

私がエシカルな活動を始めるまで

子どもたちが「知らなかった！」と驚く事実を、私自身も以前はまったく知らず、自分の暮らしによる影響など何も考えていませんでした。また、社会的なことにもほとんど興味はありませんでした。

しかし、皆さんより一足早く、地球温暖化の現場や社会のひずみを、世界各地を旅してこの目で見るという経験をしたのです。ここから少し、私が世界の現実を見て、エシカルな活動を始めるまでの体験をお話しします。

「世界ふしぎ発見！」のミステリーハンターとなった私は、約10年間、世界中を旅しました。プライベートも含めると訪れた国は約80カ国。その多くは「秘境」と呼ばれるところでした。

そんな地域を回るうち、私はある共通点を見いだしました。

それは、この世界は、権力や財力を持った一握りの人たちの利益のために、弱い立場にある人々や美しい自然が犠牲になっているということです。

旅を続ける中でターニングポイントとなったのが、２００４年、タンザニアにあるアフリカ最高峰キリマンジャロへの登頂です。

この標高約６０００mの山の頂上には、氷河があります。しかし、温暖化の影響でその氷河が溶け始め、このままでは２０１０～２０２０年には氷河が消滅してしまう。科学者からは、そんな指摘が出ていました。

氷河の状態をこの目で実際に確かめる。それが番組の企画でした。

行程の途中、標高１９００mにある小学校で、私は子どもたちに出会います。彼らは、小さな手で苗木を1本ずつ植えていました。「どうかもう一度、頂上の氷河が大きくなりますように」と祈りながら。

この村の生活用水の一部は、氷河の雪解け水です。しかし、年々氷河は小さくなり、いつかなくなってしまうかもしれないと子どもたちは知っていました。もしなくなってしまったら、村で生活することは困難になります。それで彼らは、「少しでもできることを」と植林活動をしていたのです。

エシカルをライフワークに

標高599mの高尾山にしか登ったことのなかった私でしたが、「自分たちの代わりに氷河を見てきてほしい」と背中を押され、文字通り、必死で山頂へ向かいました。そして、もともとは山頂を覆い尽くしていたという氷河が、ほんの1、2割ほどになっているのを目の当たりにしたのです。ショックでした。子どもたちの顔が脳裏に浮かび、いてもたってもいられなくなりました。

地球はひとつで、世界はつながっています。日本に暮らす私たちの生活が、遠く離れたこのキリマンジャロにも影響を与えているかもしれないと思ったからです。

私はこの時、山頂で決心しました。レポーターとして現状を伝えるだけでなく、この問題が解決へ向かう活動をライフワークにしようと。

帰国後、私が始めたのは、海岸のゴミ拾いや植林などのNGO活動に参加することでした。その後、フェアトレードに出会い、少しずつエシカルな価値観を暮らしに取り入れていきました。そして、2015年に仲間たちと一般社団法人エシカル協会を立ち上げたのです。

あとでくわしくお話ししますが、エシカルな生き方へシフトして嬉しかったのは、毎日が楽になり、自然体で暮らせるようになったことです。

自然や人とのつながりを肌で感じたり、それまで気づけなかった自分自身の心に触れたりする経験を重ねています。また、志を持って活動をしている先輩や仲間たちと出会い、たくさんの学びや希望を得ることもできました。

エシカルというものさしを持つことで視界が開け、進むべき道が見えてきたのです。もちろん今も、日々悩んだり迷ったりしていますが、それでも確実にいい変化に向けて進んでいる。そんな実感を持っています。

お財布から出すお金が「意思表明」になる

壁の向こうの一端を見てきました。思わずため息をつきたくなる現状から、何がわかるでしょうか。

それは、何も意識せずにいたら世界は変わらないということ。普通に暮らしているだけで問題に加担してしまうような社会で、私たちは生きているということです。生きているだけで「問題の一部」になってしまうなんて、ほんとうに残念で悲しいことです。

しかし、私たちには「できること」があります。

自分の暮らしや手にするものの背景に興味を持ち続けていく。まず、これが基本です。そして、世界が抱えている問題を解決するためのひとつの有効な手段が「エシカル消費」です。

エシカル消費とは、「地域の活性化や雇用なども含む人や社会、地球環境（人間以外の他の生き物も含む）に配慮した商品やサービス」を選ぶこと。

簡単に言えば、毎日の買い物で、人や生き物、地球環境のためによりよい選択をしていくことです。フェアトレード製品やオーガニックの製品の購入が、すぐ思い浮かぶかもしれませんが、再生可能エネルギーを選んだり、動物に配慮した製品や伝統工芸、地元の農産物などを買ったりするのも、エシカル消費です。

もしあなたが世界の現状を知って、それを変えたいと思うのなら、お財布から出す

<エシカル消費の分類>

環境への配慮	グリーン購入 再生可能・自然エネルギー 有機農産物・綿 国産材・間伐材 カーシェア・サイクルシェア 省エネ商品 動物福祉製品 認証ラベル製品（水産物、森林など） リサイクル・アップサイクル ワンウェイプラスチックの代替品
社会への配慮	フェアトレード製品 障がい者支援につながる製品 寄付つき製品 社会的責任投資 エシカル金融
地域への配慮	地産地消 地元商店での買い物 応援消費 伝統工芸

（山本良一先生資料一部引用）

大切なお金が、自分の「意思表明」になっていきます。ふだんの買い物が、今は犠牲を強いられているかもしれない「誰か」の状況を改善したり、温暖化に歯止めをかけたりする助けになります。

私たちには、未来をつくるパワーがある。これって、すごいことだと思いませんか？

エシカル消費の基本はシンプルです。

それは「エいきょうを　シっかりと　カんがえル」こと。

この言葉は、私たちエシカル協会のスローガンにもなっています。

たとえば、何気なく買ったコーヒーのたった一度しか使わないプラスチックカップは、地球にどんな影響を与えるのだろう。

「まとめ買いだと安くなるから」と、つい何枚も買ってしまった洋服がほんとうに必要だったのかな。この洋服は、どうやって作られたのだろう……。

そうやって、買い物をする時やサービスを選ぶ時に、一呼吸置いて考えてみる。

これが、エシカル消費の基本です。

ちなみに、元来プラスチックは自然分解されないので、マイクロプラスチックとなって地球環境を汚染し続けます。また、安い服には労働搾取の問題があり、不要な買い物はゴミ増加につながります。

現在地を見直し、見えない壁の向こうに思いを馳せる。ここからすべてが始まります。その繰り返しが少しずつ、でも確実に変化を生んでいきます。

念のために言うと、エシカルな製品だからといって大量に作り、大量に購入し、大量に捨ててしまってては元も子もありません。

必要なものを必要な分だけ購入する。これは、とても大切なポイントです。「エいきょうを　シっかりと　カんがえル」という言葉をきちんと受け止めれば、お金をあまり使わなくても、エシカルな暮らしを楽しく送ることができるのです。

たとえば、ひとつのものを修理して大事に使う。自分で野菜やハーブを育てる。無駄なものを買わず、あるもので工夫して料理や家事をする。お店や企業にエシカルな商品を増やすように声を届ける……。すべて、エシカルなアクションです。

これらのアクションは、エシカルに暮らす上で重要ですから、2章以降でくわしくお話ししていきましょう。

私たちは「消費者」ではなく「生活者」

さて、ここで改めて「消費」について考えてみたいと思います。

この言葉は、あまりにも当たり前になっているので、あなたもふだん何気なく使っているのではないでしょうか。

しかし、消費は「費やして消える」と書きます。費やしたあとに消えてしまう「消費」のあり方が、今のさまざまな問題を生んでいるのかもしれません。

ですから、この本では「消費者」という言葉をあえて使いません。

私たちは、ものを費やして消す「消費者」ではなく、未来に続く暮らしを選び、営んでいく「生活者」だと考えるからです。

エシカル消費は、消し費やす消費を逆手にとる考え方です。「消し費やさない消費」を私たちが選んでいけるという可能性を示しています。消し費やさない消費にはいろいろな形がありますが、そのひとつをご紹介しましょう。

漆とロック株式会社の販売する「めぐる」という漆器です。

この漆器は、年1回の受注期間だけ申し込める予約生産です。「適量・適速生産」の方針で季節の循環に沿って作られ、「とつきとおか」（十月十日。受胎から出産までの時間）をかけて購入者のもとに届きます。

その間、購入者には、写真つきの手紙や動画を通じて季節ごとに制作過程が伝えられ、器のマタニティタイムを楽しめるしくみになっています。器が届いてからも修理可能なので、一生使い続けられます。

会社の代表を務める貝沼航さんは、こう話してくれました。

「私たちは、地球のリズムに立ち返りながらものづくりをしていきたい。購入者には、ものをどう迎えるかを考えてほしい」

器が育つ物語に触れながら愛情をふくらませ、我が子のような感覚で迎え入れた器を、子どもに接するような気持ちで使う。そうすれば、きっとそのものは、ただのものではなくなるはずです。

ひとつのものを買うことによって、その背景にいる作り手の物語に触れ、また、それを長く大切に使い続けることで、自分とものとの物語を育てていける。

これは、まさに「消し費やさない消費」のひとつの形だと思います。

このように、エシカルなものの背景には、かならず魅力的なストーリーがあります。たとえば、私がアンバサダーを務めるフェアトレードの老舗であるピープルツリーで販売している手織りのコットンワンピースは、バングラデシュの女性たちが、着る人たちのことを考えながら愛情を込めて作ってくれたものです。

そのワンピースを買うことは、作り手本人の笑顔につながるだけでありません。い
い〝えいきょう〟は、女性たちの子どもや地域にも伝わっていきます。女性たちに収入があると、子どもたちが学校に行くことができて、将来の可能性が広がるのです。さらに、売り上げの一部は地域にとって必要なインフラ作りに使われます。

学ぶ場がなければ学校を、清潔な水がなければ井戸を、医療にアクセスできない状況であればクリニックを……という形です。

また、フェアトレードは女性のエンパワメント（力づけ）にもつながっています。途上国では男性と比べると女性の地位が低く、なかなか社会で働くことができません。フェアトレードの現場では働き手の多くは女性たちです。女性が収入を得ることで、

家庭や地域の中でひとりの人間として尊重してもらえるそうです。

インドのフェアトレード団体の女性がこう話してくれたことが印象的でした。

「男性が教育を受けると、その人自身が変わる。女性が教育を受けると、地域全体が変わるんです」

私たちがものを購入して使うお金が、その背景でいい物語をいくつも作り出している。これもまた「消し費やさない消費」の形だと言えるでしょう。

サステナビリティとは「旅」である

今、私たちに求められていることは何でしょう。

それは、今までの常識を捨てて社会や経済の大転換を起こすことです。

「大転換を起こす必要なんてあるの!?」と驚く方もいるかもしれません。

また、「ＳＤＧｓも浸透してみんなの意識もそれなりに変わっているし、企業もリサイクルに力を入れているから、このままでも問題ないんじゃない？」と思う方もいるでしょう。

しかし、2章以降でくわしくお話ししていきますが、私たちが社会のシステムを根本から変えなければ、今ここで見えてきた問題が解決することはないでしょう。

SDGsでも、「Transform our world（我々の世界を変革する）」というスローガンが掲げられています。

「Transform」は、「変容」です。変容とは、普通の変化ではありません。さなぎが蝶になるように、大きく姿を変える変革のことです。

小学校の時、さなぎから蝶に生まれ変わる瞬間にはものすごい痛みが伴うと、先生から聞いたことがあります。そうであれば、SDGsを「お飾り」で終わらせるのではなく、本気で達成しようとするなら、痛みが伴うはずです。

その痛みを乗り越えてはじめて、私たちはほんとうの「自由」と「豊かさ」を手にすることができるのだと思います。


では、何が必要か。不完全でも進むことです。

私たちはどうしても、正解や完璧を求めすぎる傾向にあります。

しかし、今はまだ道半ば。よりよい社会をつくっていくためのプロセスの途中です。

だからこそ、さまざまな課題が次から次へと起きて、悩んだり、悲しんだり、苦しんだりすることがあるかもしれません。また、なかなか社会は変わらないと悲観的な思いが湧いてくることもあるでしょう。

社会は一気に変わるわけではありません。「変化の過程」だからこそ、悩みや迷いが出てくる。それは当然のことです。

私自身も、焦りや悲壮感が湧いてくることがあります。そんな時、バナナペーパーを開発した株式会社ワンプラネット・カフェのペオ・エクベリさんと聡子・エクベリさんから、ある言葉を教えていただきました。

「サステナビリティは最終目的ではない。サステナビリティとはjourney（旅）である」

これは、SDGsのロゴデザインやコミュニケーション設計を手がけたスウェーデン人のヤーコブ・トロールベックさんの言葉だそうです。ヤーコブさんは、次のように話されています。

「完璧なサステナビリティは存在しない。たとえば、再生可能エネルギーに関しても、さまざまな選択肢が出てきているが、今はどれも完璧ではない。でも完璧でないからといって、何もやらない理由にはならない。私たちは、どんなに小さなことでも、一歩を踏み出し、そのプロセスを楽しむことが大事だ」

エシカルというものさしが暮らしを楽にしてくれた

たしかに、自分なりに変化していくプロセスは、私にとっても楽しいものでした。日頃、自分が着ている洋服や食べているものの裏側がどうなっているのか、まったく気にしたことがなかった自分から少しずつ変わっていった私ですが、エシカルな暮らしを取り入れていったことで、気がつけば、以前よりずっといきいきとしている自分がいたのです。

一番よかったことは、楽になったということ。自分らしく、自然体でいられるようになったことです。

それまでは、たとえば、友達が持っている服や小物が欲しくなったり、広告を見てブランドものを手にしたくなったり、流行に踊らされたり……。自分の中に「選ぶ基準」がありませんでした。

他人の基準や社会の基準でものを選ぶと、自分の基準で選んでいないので、あっさりと手放し、使わなくなっていくものが多かったように思います。

でも、エシカルという価値観に出会ってから、私の中ではっきりと「選ぶ基準」が決まったので、買い物がとても楽になりました。

エシカルなものさしを持ったことで、誰にも振り回されず惑わされない買い物ができて、心がすっきりしました（今までは選択肢が少ないという悩みがありましたが、今はエシカルなブランドなどかなり増えてきたので選択肢が増えています。今後さらに増えていくはずです）。

流行にも惑わされず、大量生産のものでもないので、他の人とかぶることが少なく、たとえば古着や祖母、母から受け継いだものを活用することでオリジナリティ（自分らしさ）を発揮することもできるようになりました。

そして、しばらくすると、周囲が勝手に「末吉さんはエシカルに精通している人ね」

と、私を「エシカルなキャラ」として捉えてくれるようになりました。続けていくことで、勝手に周りがそういうイメージを確立してくれたのです。ありがたいことです。そうなったら、気持ちは楽でした。

仲間と共に進んでいこう！

アメリカの環境団体のスローガンに「Progress over Perfection（完璧よりも前進を）」という言葉があります。

変化を恐れず行動に移していくことで、前進できているはずです。一度に社会をガラッと変える「魔法の杖」があるわけではありません。しかし、一歩ずつ進んでいけば確実に変わります。私たちの行動次第で。

人口のわずか3.5％の人が動き出せば社会が変わる転換点になると、ハーバード大学の政治学者エリカ・チェノウェスは言っています。１００人いたとしたら、３、４人が行動し始めれば、全体に影響を与えられるのです。

私たちは、どんな世界を手にできるのでしょうか。

どうぞ、あなたが望む社会の姿を思い描いてみてください。

私は、こんな未来を想像します。

すべての命が尊重され、ひとつしかない地球をみんなが「いいあんばい」で分かち合いながら、エシカルな暮らし方が幸せのものさしとなっている持続可能な世界です。


日本には「旅は道連れ、世は情け」ということわざがあります。

旅には、一緒に進む仲間が必要です。そう、前に進むモチベーションを上げてくれるのは「仲間」たちの存在です。

もしかすると、「私の周りには、仲間なんていない」と思う方もいるかもしれません。

たしかに、自分の問題意識や葛藤を、腹を割って話せる人が近くにいない場合もあるでしょう。

でも、今この瞬間、この本を手にとってくださっている皆さんは、私たちの仲間です。

見えないけれども、実は、仲間はたくさん存在しているのです！

2章

「壁の向こう」で始まっている新しい動き

ゴミ問題を解決するゼロ・ウェイストへの取り組み

エシカルな未来をつくる仲間は、すでにパワフルな活動を始めています。

さっそく、今スタートしているさまざまな取り組みや、これから私たちができることについて見ていきましょう。

最初に光を当てるのは、生きていく上で避けて通れないゴミの問題です。

ゴミ処理には莫大な費用とエネルギーが必要です。そして、その過程で地球に大きな負荷がかかります。増え続けるゴミが環境を、ひいては未来を脅かしているのは言うまでもありません。

そんな流れを受けて、今世界で推進されているのが、「ゼロ・ウェイスト」という考え方です。

ウェイストとは、ゴミ、無駄、浪費のこと。

ゴミや廃棄物を処理することだけを考えるのではなく、そもそも、それらを出さない社会を目指す。これが、ゼロ・ウェイストです。

しかし今の社会で普通に暮らしていると、買い物や料理、掃除をするたびに、ゴミは発生してしまいます。

ゴミが生まれない社会を目指すにはどうすればいいか。

大きなヒントをくれたのが、2019年、視察に訪れたエシカル先進国スウェーデンのマルメ市でした。

マルメ市は、エシカル消費において日本より20〜25年ほど進んでいると言われています。日本の先を行く社会をこの目で見てみたいと、私は1章でご紹介したペオさん夫妻が主催する視察ツアーに参加したのです。

それは、「私たちはここまでできるのだ!」という衝撃と希望に満ちた旅になりました。

まず驚いたのが、コペンハーゲン空港から乗った電車です。動力は、100%風力発電。車体には、環境ラベルがついていました。

市内でも、いたるところで参考にしたい例を見つけることができました。

マルメ市に入る際に渡った橋は、市民が分別して出したアルミ缶やガラス容器で作られた「リサイクル橋」でした。また、空港や市役所で見かけるコンセントには、

「100％グリーンエネルギー」と書かれており、どんな人も使用することができました。

さらに、市内のバスはすべて、100％バイオガス（生ゴミなどの有機物をリサイクルしたエネルギー）で走っていました。つまり、マルメ市のバスは、市民が出した生ゴミを原料としたガスだけを燃料にしていたのです。

私は感激して、ペオさんに言いました。

「このバスは、マルメ市民が出した生ゴミで走っているんですね！」

すると、ペオさんはこう返してきました。

「里花さん、それを聞いたら市民はみんな、生ゴミって何ですか？　ゴミではなく、生〝資源〟ですよね？　と言いますよ」

つまり、マルメ市民にとって生ゴミは「ゴミ」でなく、次のエネルギーに生まれ変わる貴重な資源だったのです。

生ゴミは、ゴミではなく「生資源」

私はこの返答に、ショックを受けました。ゴミそのものの捉え方をガラリと変えるような視点だったからです。これは、「ゼロ・ウェイスト」の考え方そのものだと私は思いました。

私たちは深く考えず、「これはゴミだから捨てなきゃ」と思います。しかし、それがゴミであるかどうかは、実は、主観に過ぎません。もし、目の前にあるものが次の資源に生まれ変わって役に立つのであれば、誰もゴミだとは思わないはずです。自分が必要ないと決めた時点で「ゴミ」は生まれます。

私たちがふだん何気なく出している「ゴミ」とは何か。それを捉え直すことが、ゴミ問題の出発点ではないか。「生資源」という言葉を聞いて、私はそう思ったのです。

ゴミは処分するものではない。資源である。

このゼロ・ウェイストの考え方は、自然の摂理そのものです。

自然は常に循環しています。スウェーデンにいる間に、ペオさんからこんなことを習いました。

太陽エネルギーで育った植物を動物が食べ、その排泄物や死骸が土の栄養になり、豊かな土壌を生んで、また植物が育ちます。自然のサイクルにはゴミが一切ありません。

このサイクルを、バイオサイクルと呼びます。

その一方で、現代生活でゴミはかならず出てしまいます。

どうしても生まれてしまうゴミは、テクニカルサイクルと呼ばれる技術を用いた、環境の負荷が低いリサイクル法で処理し、資源として循環させていく。

バイオサイクルと、テクニカルサイクル。このふたつのサイクルを回していく。これが、ゼロ・ウェイスト社会に向けたひとつの筋道ではないか。

ここに、「ゴミ」を出しながら生きていかざるを得ない私たちが進む道のヒントがあるように思います。

「普通の町」でも、ゼロ・ウェイストを目指せる

ここまで読んで、あなたはこう思ったかもしれません。

「マルメ市の例は理想だけど、私の住む地域では難しい」

たしかに、ゴミ処理やリサイクルについては、自治体や業者との連携が欠かせません。自治体によって処理方法はさまざまですから、「この処理方法でいいのだろうか」と疑問を持ちながらゴミを出している方もいるでしょう。

しかし、自治体も変化し始めています。海外では、すでにいくつもの都市が「ゼロ・ウェイスト宣言」を採択しました。１９９６年に、世界初の宣言を出したオーストラリアの首都キャンベラから始まり、現在では北米やヨーロッパを中心にゼロ・ウェイスト都市が広がっています。

日本では、徳島県上勝町が、２００３年に自治体としてはじめて「ゼロ・ウェイスト宣言」をしました。

上勝町では、「ごみステーション」と呼ばれるリサイクルセンター1カ所にゴミを集め、13種類、45分別を実施。リサイクル率80％以上を達成しています。生ゴミは回収されないので、全家庭で堆肥化しています。驚くことに、ゴミ処理費用は6分の1になったそうです。

もちろんこれは、役場や民間団体のリーダーシップと町民の方々の協力があったからこそ実現できた数字です。しかし、「やればできる」のです。

マルメ市も上勝町も、最初は、「普通の町」だったはずです。ゴミを資源だと考えて行動した人がいたからこそ、ゼロ・ウェイストな町づくりが可能になったのでしょう。

「そうはいっても、自治体を変えるために一市民ができることなんてあるのかな」と思うかもしれませんが、もちろんあります！　それは、調べることや学ぶこと、伝えることです。

たとえば、あなたの住む自治体のゴミ処理の方法や費用を問い合わせてみる。プラスチックがどうリサイクルされているか、その方法を聞いてみる。あるいは、勉強会を開いて、もし改善点が見えてきたら担当部署に提案してみる。小さくてもいいので、そんな行動を起こしてみると、少しずつ見えてくるものがあるのではないでしょうか。

実は、それらの行動には意外な効果があります。相手（区市町村の職員）に自分（市民）が気にかけていると伝えられることです。

市民の要望が強まれば、自治体も変わらざるを得ません。たったひとりの行動であっても、そのきっかけづくりはできるはずです。その過程で仲間を見つけることができたら、自分が住む町が「ゼロ・ウェイスト宣言」をする流れを作り出せるかもしれません。

毎日の暮らしでできる「7R」のススメ

では、家の中ではどんなことができるのでしょうか。

私はいつも、エシカルな暮らしのルールとして、次の「7R」を伝えています。

1章でもお話ししたように、サステナブルな製品だからといって無節操に買い、消費していては何も変わりません。消費のあり方を根本から問い、資源を有効に使う暮らしのスタイルが7Rです。

・Rethink（リシンク）
……自分の暮らしを見つめ直す。ほんとうに今のやり方でいいのかを考え直す

・Refuse（リフューズ）
……必要のないものは、理由を添えて断る(相手に断る理由が伝わるのが大事)

・Reduce（リデュース）
……「地球1個分」の暮らしを意識して、ゴミや持ち物を減らす
・Reuse（リユース）
……使えるものは何度も繰り返して使う
・Repair（リペア）
……修繕しながら、「もったいない」精神でものを使う
・Repurpose（リパーパス）
……目的を変えて、違うものとして使う
・Recycle（リサイクル）
……資源として再利用する

この中で一番大事にしたいのはReduceです。

地球はひとつしかありません。このひとつの地球を、人間が自然や他の生き物たちと分け合って共に住み続けていくのであれば、私たち人間は、そのルールを守らなくてはいけません。

そのルールとは、地球が再生できるスピードより早く資源を使わないこと。つまり、

「地球1個分」の暮らしをすることです。そのために、人間が使う資源の量を全体的に大きく減らし、地球が回復できる余裕を作る必要があります。

私たちが地球何個分の暮らしをしているのか、ご存じでしょうか。なんと、地球2.9個分です。これは、地球上の全人口が日本人と同じ生活をしたと仮定して、どのくらいの水や資源が必要になるかを試算して割り出された数字です。アメリカであれば、地球5.3個分、ＥＵ諸国の平均は2.7個分という試算が出ています。「リサイクルできるものだから」「サステナブルな素材だから」「エシカルな製品だから」と大量に作り続け、大量に購入し続けて、廃棄し続けていくのであれば、地球1個分の暮らしを実現することはできません。

「もったいない」精神で、Repair や Reuse していこう

地球1個分の生活のために、Repair の観点も、私はとても大切にしています。日本人は古くから「もったいない」精神を心に留めてきました。この精神こそ、今私たちが思い出して実践しなければならない大事な先人の知恵でしょう。

また、RepairやReuseをしながら使い続けているものが私にもたくさんあります。曽祖母や祖母、母からジュエリーや洋服などを受け継ぎ、大切に使ってきました。指輪のサイズ直しをしたり、帯留めをブローチに変えたりと、自分に合った形に変えています。なので、大人になってから、新しいジュエリーはほとんど買っていません(買う時は、エシカルなブランドのものです)。

使わなくなったタオルは、中に小豆を入れてウォーマーを作り、Repurposeを楽しんでいます。ガラス瓶は集めて、差し入れの料理や保存食の入れ物、ペン立て、蠟燭の容器などに使っています。

また「おさがり」として次の使い手に渡し、Reuseしてもらうことも気軽にできます。着なくなった洋服などは姪や友人にあげたり、使わなくなったタオルは獣医さんに利用してもらったりしています。

Rethinkも大事な観点です。常に、「ほんとうにこの選択でいいのだろうか」「本質を見落としてはいないだろうか」と考える姿勢を忘れないようにしたいと思っています。

7Rをうまく暮らしの中に取り入れると、実は節約につながります。自分らしさ、オリジナリティを出すこともできます。

よく若い人たちから「エシカルなものを買いたいけれど、高くて買えない」と聞きます。でも7Rを実践すれば、工夫次第で、エシカルな暮らしができるのです。

エシカルな暮らしは、ほんとうは必要ではないのに新しく環境にいい製品を買いそろえたり、無理してオーガニックな食事をしたりすることではありません。頭を少し柔らかくして、いろいろなアイデアで生活を楽しむことこそ、エシカルライフです。

野菜くずを肥料に変えるコンポスト

ゴミを減らすチャレンジとして、ぜひおすすめしたいのが、生ゴミのコンポストです。

コンポストとは、微生物の力で生ゴミを堆肥化し、有機肥料を作る装置のこと。今、家庭用の簡単なキットが開発され、バッグ型やバケツ型などさまざまなタイプが販売されています。

私もコンポストを使って野菜くずやコーヒーかすなどを堆肥化し、ガーデニングに使うようにしました。

ただひとつ課題があります。どうしても堆肥が余ってしまうことがあるのです。十分な広さの家庭菜園や庭があれば問題ないのですが、敷地が限られていたり、集合住宅だったりすると限界があります。私は時々ご近所に分けたりもしていますが、堆肥の行き場は、私だけでなくコンポストを実践している人たちが同様に抱えている課題のようです。

しかし、そこでストップしていたら、せっかくの生資源がゴミになってしまいます。今、堆肥を活用する試みが自治体や民間団体などで始まり、少しずつしくみが整備されつつあります。ある地域では、コンポスト実践者のコミュニティを作って、共同の畑を運営し、堆肥を使っているそうです。コンポストを始める際は、地域に仲間を募ったり、生協や自治体、近隣の生産者グループなどに相談してみるのもいいでしょう。

脱炭素社会に向けた日本と世界の動き

政府も動き始めています。2020年、当時の菅義偉首相は所信表明演説にて「2050カーボンニュートラル」を宣言しました。簡単に言えば、2050年までに日本が排出する温室効果ガス（主に二酸化炭素）を全体としてゼロにするという目標です（温室効果ガスの排出量から、森林などによる吸収量を引いた値をゼロにすること）。

この宣言は、国が脱炭素社会に向かって大きく舵を切ったことを表します。これはきわめて画期的なことで、専門家からも高く評価されました。何より、経済界にも大きな影響を与え、温室効果ガス削減へ向けての動きが一気に加速しました。

さらにここから一歩進んでいくために、モデルとして参考にしたいのが、EUのサーキュラーエコノミー（循環型経済）行動計画です。

この計画には「エコデザイン指令」「産業排出指令」の柱と並び、「修理する権利」が示されています。

エコデザイン指令とは、省エネ促進のために環境に配慮した設計を行うことを義務づける指令。産業排出指令とは、各産業から排出される有害物質の数値を規制する指令です。

そこに「修理する権利」も盛り込まれ、買い手が購入品を修理しやすくするために、さまざまな施策が挙げられています。

またＥＵでは、「リペアスコアリングシステム」というルールも制定しています。ややこしい名前ですが、簡単に言えば、家電修理のしやすさが点数化され、買い手はそのスコアを参考にしてRepairできる製品を選べるしくみです。

つまりＥＵ諸国では、環境に配慮したものを選べる判断材料が生活者に提供され、買ったものをできる限り長く使える体制が整っているというわけです。

これが、何を意味するのか。ＥＵが、買い手のエンパワメントのためには、「修理する権利」を担保することが大事だと考えているということです。

これはあくまでも私の意見ですが、日本の環境政策は官民共に、Recycleと「素材革新」に偏り過ぎているように感じます。２０５０カーボンニュートラル達成へのロードマップ（行程表）にも、私はRepairの観点を入れる必要があると考えています。

民間企業もRepairやReuseを促進し始めた！

民間企業やゴミ処理業者も立ち上がりました。

まず海外から見ていきましょう。アメリカでは今、Repair産業が注目されています。デバイスやカメラなどのRepairに特化して情報発信しているiFixit（アイ・フィックス・イット）社が、環境団体のグリーンピースと連携して、新しいコミュニティを立ち上げました。これは、さまざまな企業が助け合い、お互いの製品の修理を行うためのグローバルなコミュニティです。iFixit社は、Repairを促進すれば、買い手は安価な製品を購入でき、e-waste問題（廃電子機器問題）も解決し、雇用も生むとして修理マニュアルを公開し、ユニークな活動を展開しています。

欧米のアパレル企業もRepairの取り組みに力を注いでいます。

たとえば、地球環境に徹底的に配慮したアウトドアブランドのパタゴニアは、Repairを促進する「Worn Wear（ウォーンウェア）」キャンペーンを展開。Worn Wearとは本来「着古された衣類」という意味ですが、パタゴニアはこの言葉に前向きなメッセージを吹き込み、「新品よりもずっといい」をスローガンに、一度手にした製品は修理しながら大切に着ようと呼びかけています。

実際に、製品は店頭で修理可能で、私自身もいくつかの品を修理に出してきました。新品のような状態で戻ってくるので、その循環を繰り返しながら長く使い続けることができています。

スウェーデンで一番の人気を誇るデニムブランドのヌーディージーンズも、製品を持ち込めば無料で修理をしてくれます。また履かなくなったデニムを買い取り、きれいにしてユーズドデニムとして販売する取り組みも行っています。

さらにスウェーデンでは、Repair や Reuse の製品だけを扱う世界初のリサイクルモールも登場しています。

日本企業でも、新たな取り組みが始まっている

たとえば、日本環境設計株式会社では「服から服をつくる」をコンセプトに、古着を回収して新しい服に Recycle する「BRING（ブリング）」というサービスを提供しています。また、オーガニックコットンの老舗ブランドであるプリスティンは、生産過程で発生する余りの裁断生地を、捨てるのではなく回収し、もう一度新たな生地として洋服に生まれ変わらせる「リコットン」シリーズを展開しています。

他にも、すべてはかり売りで食品を扱うスーパーを開店し、食品ロスやゴミ問題を解決に取り組む斗々屋《ととや》など、今、たくさんの企業が新たなチャレンジを進めています。

大手企業でも画期的な試みが始まりました。花王株式会社では、薬局と提携して、衣料用洗剤や柔軟剤、台所洗剤を充填できる売り場を期間限定ながら設置。また、循環型社会の実現に向けて、神戸市と小売・日用品メーカー・再資源化事業者と協働し、

日用品の使用済み詰め替えパックを分別回収して、再び詰め替えパックに戻す「水平リサイクル」を目指す取り組みをスタートさせています。

フードロス問題に取り組む企業も増えてきました。特に注目したいのが、たとえば、KURADASHIやWakeAi、tabeloop、Otameshi、ロスゼロなど、捨てられる野菜や食品を直接買えるオンラインショップの登場です。これらのサイトの中には、廃棄前の食品を割引価格で買えたり、売り上げの一部を環境問題や人権問題解決に取り組む団体に寄付できたりするシステムを備えているものもあります。

ゴミ処理の業界でも、変化が起きています。

先日も、ある産業廃棄物の処理会社の方と意見交換させていただきました。聞くところによると、産廃業者は、コンビニの数より多いのだそうです。それだけ必要とされる仕事である証拠ですが、その方は、こうおっしゃいました。

ゴミがなくなれば、自分たちの仕事はなくなってしまうかもしれない。しかし、それでも自分たちがゴミを減らそうと呼びかけなければ社会は変わらない、と。

その会社では飲食店などと協力して、ゴミの減量化に取り組んでいるそうです。

このような企業と自治体、そして、私たちが手をつなげば、ゼロ・ウェイストはかならず実現できるはずです。

「耕さない農業」が温暖化を止める

ゴミの問題ひとつをとってもさまざまな動きや、取り組みがあるとわかっていただけたと思います。

次は、持続可能な地球をつくるための新しい農業についてお話ししていきましょう。

今から1万2千年ほど前、農業の始まりによって、人類はそれまでよりはるかに余裕のある生活を営めるようになりました。

しかし、長年私たちを養ってきた農業が、地球の環境に影響を与えています。意外かもしれませんが、農耕によって土から空気中に出た炭素が、温暖化の原因になっているのです。

私たちの足元にある土壌は、炭素の巨大なプールだといいます。驚くべきことに、地球上の土が保有する炭素は、1兆5000億トン。大気中の炭素の2倍、植物に含まれる炭素の3倍だとか。その炭素が土を耕すことで放出されて、地球に大きなダメージを与えていたのです。

最近の研究でこのことが注目され、気候変動の解決策のひとつは「土」にあると、多くの学者たちから言われるようになりました。

「土と微生物の扱い方を変えれば、世界中の農業が持続可能で、農業従事者が富み、温暖化対策にもなる」と、地形学者のデイビッド・モントゴメリーは、『土・牛・微生物』（築地書館）で書いています。

では、持続可能な農業とは何でしょうか。それが、リジェネラティブ・オーガニック農法（以下、RO農法）と呼ばれる「環境再生型」有機農業。特徴のひとつが「耕さない農業」です。土を耕さず、土壌にある微生物と共生し、その力を借りて農作物を育てます。

この農法は、土や地球にとっていいことづくしです。

まず、土を耕さないので土中の炭素が大気中に放出されるのを防ぎます。同時に、微生物が大気中の余分なCO_2を吸収し、固定化してくれます。さらに、土中の微生物に栄養を与えられ、化学物質を使わないので土壌が豊かになります。

つまり、微生物が豊かで、炭素を多く含む健康な土を作ることができるのです。

有史以来、地球に負荷を与えてきた農業を、地球温暖化の解決手段に変えられるRO農法、ぜひ注目していきたいです。

この農法に一早く取り組んだ企業があります。

先ほどお話ししたパタゴニアです。最近パタゴニアは衣類だけでなく、食品にも力を注いでいますが、パタゴニアが販売するビールは、RO農法で育てた多年草小麦「カーンザ」が原料です。

カーンザは、ひげのような細い根が4m近くも伸びる多年生植物です。普通の小麦の根は、約90㎝というので驚きです。この長い根は、植物にとって貴重な表土を固定したり、微生物の生息地となったりするなどして、土壌を再生していきます。

ビールの名は「Long Root（ロングルート）」。まさに「長い根」という名前です。

数種類ある中で、私は特に、小麦の味わいが深く飲みごたえのあるペールエールが大好きです。このビールを飲むことで地球を救えるかも!?と思うと、なんて楽しいんでしょう！

野菜のブレを楽しむ文化を育てよう

日本でも、たくさんの生産者や農業法人が、新たな農業、農産物の流通に取り組んでいます。そのひとつである株式会社坂ノ途中の代表、小野邦彦さんから大切なことを教えていただきました。

坂ノ途中は、有機農産物の宅配事業を手がける会社ですが、日本初、そして唯一の特徴があります。新規就農者、それも環境負荷の小さい農業を実践する農家と連携しながら、事業を行っているのです。提携農家は、京都を中心に約３００軒。そのうち９割が、ゼロからスタートした就農者だそうです。

坂ノ途中が大切にしている方針が、「多様性を排除しない流通」のしくみを作ること。つまり、さまざまな形や大きさの生産物も購入者に届けるということです。

そのためにも、野菜のブレを楽しむ文化を育てたいと小野さんはおっしゃいます。「野菜のブレ」という言葉を小野さんからはじめて聞いたのですが、あるエピソードがとても印象的でした。大根のお話です。

大根はスが入りやすいので、農家も販売者も非常に気を遣うそうです。多くの販売者は大根を半分にしてスが入っていないか確認をしてから販売するのですが、坂ノ途中では丸ごとお届けするので、時としてスの入った大根が購入者に届いてしまうことがあるのだそう。そういった場合も考慮して、野菜それぞれの特徴や背景を丁寧に購入者に伝えながら、野菜のブレを「強み」として打ち出して販売している、ということです。これが、先ほどの「多様性を排除しない流通」です。

最初は、大根にスが入っていると、購入者はちょっとがっかりしてしまうのではないかと思いました。でも次の話を聞いて、深く納得しました。

大根は春になると、花を咲かせるために一生懸命、先端の花の部分に栄養を送ります。すると、栄養が花に集中するので、土中の大根にスが入るのだとか。

これは自然の摂理からいって、とても健全なことです。もちろん極力、スの入っていない大根を届けるに越したことはありません。でも万が一、スが入っていた時は「大根に春が来ていたみたいなので……」「春が来たと思ってください」と伝えているそうです。なんと素敵な考え方なのだろうと感激しました。

そうやって、野菜の「気持ち」になって考えると、野菜が育つ環境や生産者の顔が浮かび、心が豊かになっていきます。

捨てられる野菜や果物をなくすために

野菜のブレの話を聞いて、私は思いを巡らせました。

気づかないうちに、私たちはさまざまなことに「完璧」を求めていたのではないかと。野菜や果物などの品質についても、形や色やサイズがきれいにそろっているものを求め、少しでも虫食いや傷みがあったらはじいてしまう。それが当たり前になっていたのかもしれません。

でも自然界には、大きく育つものもあれば小さいものもあり、曲がったものもあれば、傷がついているものもある。それが本来の姿です。

私たち買い手がその多様な姿を楽しみ、買い支えていくことが、流通過程で振り落とされる生産物を減らしていくことにつながるのではないでしょうか。

「規格外」を理由に一般市場に出回らない野菜は意外に多く、生産量の2割前後にのぼるというデータもあります。農林水産省によると、野菜（41品目）の収穫量は約

1340万トンだったにもかかわらず、出荷量は約1157万トンだったという調査が報告されています（2018年調べ）。

このような状況を受けて、最近、不ぞろいの野菜や果物を販売するお店が少しずつ増えています。見つけた時は、思わず手が伸びてしまいます。

規格外の農産物を廃棄から救うために、生産者と買い手が直接取引できたり、生産者と飲食店をつないだりするウェブサービスもいくつか誕生しました。

他にも、ユニークな取り組みをしている生産者や販売者、流通業者がたくさんいます。ぜひ、アンテナを立てて探してみてください。そして、彼らが提供する商品やサービスを利用することで応援してください。

自分たちの命を支える食料や流通の持続可能な姿を考える。そして、その現場で新しいチャレンジをしている人たちを支えていく。これもまた、私たち生活者が使えるパワーのひとつです。

アボカドから考えたいくつかのこと

食の話を続けます。

グローバル化が進んだ今、私たちは日本にいながらにして、世界中から届けられた野菜や果物、肉や魚介類、加工食品などを手頃な価格で手に入れることができます。その背景に思いを馳せる。これも、エシカルに生きるための基本中の基本です。

しかし、1章でもお話ししたように、壁の裏側はなかなか見えません。日頃よく食べてきたものが、環境問題や社会問題に加担している可能性もあります。その事実を知った時、多くの人がショックを受けて悩むはずです。このまま食べ続けていいのか、よりよい選択肢は他にないのか。いっそのこと生活から排除するべきなのか……。もちろん私にも、同じようなことがよく起こります。

つい最近、アボカドの実態を知りました。かねてから問題が指摘されているバナナやチョコレートのように、アボカドの生産背景でも、環境破壊や人権侵害が起きているとのことでした。大のアボカドファンである私は、ショックを受けました。

いくつかのメディアによると、アボカドは乾燥地帯で育つので、需要に合わせて生産が増えたことで大量の水を使い、深刻な水不足を引き起こしているとのこと。また、アボカドブームによって、産地に多くの資金とギャングやマフィアが流入し、生産者の命が脅かされる事態も起きているとのことでした。

さらに、アボカドは産地から遠く離れた国々で消費されるため、輸送時に排出されるCO^{2}が多く、温暖化を招く結果にもなるという指摘もありました。

私は悩みました。そして、その過程でいくつかの大事な気づきを得ることができたのです。これは、アボカドのみならず、さまざまな食品についてひとつのモデルケースとなるかもしれません。アボカドを通して学んだことを書いてみたいと思います。ぜひ考えるきっかけにしてみてください。

SNSを通して集まってきた情報

まず私は、こう思いました。生活者として、問題を引き起こしているアボカドは食べたくない、と。ひとつの大きな選択肢は、「アボカドを食べない」と決めライフスタイルの転換をしていくことでした。これには勇気がいります。

次に、もしアボカドを食べるのであれば、やはり環境や生産者に配慮したフェアトレードのものを食べたいと思いました。

悩んだ末、他の人たちにもこの問題を知ってほしかったので、自身のSNSに投稿をしました。すると多くの反響があり、思いもよらない選択肢や意見が挙がったのです。

新たに知った選択肢のひとつが、国産アボカドの購入です。この選択肢を選べば、気候変動の適応策にもなり、国内の生産者も応援できます。

和歌山や鹿児島、宮崎、静岡などでアボカドが作られていることがわかりました。また、クスノキ科のタブノキの実がアボカドと味が近く、代替品になることも知りました。

リサイクルの専門家からは、アボカドの容器に関する指摘がありました。

高級食材（アボカドは現地では高価です）を輸出するために、さまざまな容器が開発されているが、その多くは組成が複雑で、ほとんどがリサイクルできないとのことでした。

他にも、「日本の自給率を上げるためにも、あえて遠方から珍しい農作物を輸入して食べる必要がないのではないか。そういった食材は『ハレ』の食とする時代が来たのではないか」という意見もありました。

また、「生産国の農業振興を考えれば輸出はいいことかもしれないが、大量のCO_2を排出して日本に運ぶ必要があるのか、状況は複雑だ」という声もいただきました。

アボカドとフェアトレード

それらの情報や意見を受け止め、フェアトレードのアボカドについて知りたいと、認定NPO法人フェアトレード・ラベル・ジャパンの元事務局長、中島佳織さんに問い合わせました。お返事の概要をご紹介します。

「アボカドにはかなり以前からフェアトレードの認証基準があり、ヨーロッパなどには認証アボカドが流通しています。しかし残念ながら、日本にはまだ入ってきていません。生鮮品は足が早いので、需要がないと廃棄することになるため、コーヒーなどの加工品以上にチャレンジングな分野だと思います。

今アボカドは、人権問題だけでなく環境負荷の側面もクローズアップされていますが、フェアトレード基準も完璧にすべてを解決できるわけでは決してありません。

ただ原則として、フェアトレードの作物は人身売買や強制労働・児童労働などは禁止されていますし、水源や森林の保全などの取り組みもかならず行われています。

それでも、CO_2を排出して輸送してまで食べるのかという問題は残りますが、せっかく食べるなら、できるだけ人や環境に負荷をかけていないものを選びたいと思う人は多いと思います。企業と消費者をつなぐ役目として、あきらめずにトライしていきたいと思っています」

「フェアトレード基準は完璧ではない」と中島さんがおっしゃっていますが、フェアトレードには、問題を発見したら、改善や解決をはかっていけるしくみがあります。それが通常の貿易とは決定的に違うところであり、フェアトレードの大事な役目だと思います。

ということは、アボカドが問題を起こしている生産物だからといって、フェアトレードの対象から外してしまうと、生産者たちが自ら改善に向かう道は閉ざされてしまうことになります。中島さんからのお返事でこのような事情が見えてきました。

情報の「裏側」にも思いを向ける

反応は、まだまだ続きました。

メキシコの農園と共同で「木熟アボカド」の加工品を開発・輸入販売している事業者の方からも意見が届いたのです。それは、懸念の声でした。

「アボカドの深刻な状況を伝える記事が増えているが、すべての事業者がそうではない。情報の一部だけ切り取られている場合がある。消費者と生産者にとって『フェアな情報』が届けられていないのではないか」とのことでした。

私自身、アボカドの生産現場に行ったことがないので、現場を知っておられる方のご意見は貴重です。情報があふれている中で、偏った報道があることは認知しておくべきだと思いました。

とはいえ、メディアを通じて伝えられることは、問題の発見や改善に向かうきっかけとなるため、大事な役割を持っています。

玉石混交の情報があふれるからこそ、メディア・リテラシー（メディア情報を使いこなす能力）をどう培っていくか、エシカルを考える上で重要です。

報道を鵜呑みにするのではなく、そこから考え、みんなで議論を重ねながら、できる限り商品の背景がわかるものを選択していく。このようにエシカルなマインドを持つことの大切さにも、また気づくことができました。


このように、アボカドひとつとっても、さまざまな側面から多角的に見ていくと、「正解」は、ただひとつではないことがわかります。しかし、だからこそバラエティ豊かな解決法や、買う側としての関わり方が見つかるのだと思います。

ふだん接している情報や側面だけでなく、新たな別の側面を意識して物事を捉えていくことの大切さ、そして、悩みや思いを共有して皆で考えることの可能性を改めて感じた出来事でした。

サステナブルな発電システム、ソーラーシェアリング

続いて、これもまた暮らしに欠かすことのできないエネルギーの新しい情報をお伝えします。

今、再生可能エネルギー（太陽光、風力、水力、地熱など）への移行が求められています。言うまでもなく、地球温暖化や資源の枯渇につながる化石燃料（石油、石炭など）を使った発電、そして、安全性が疑問視されており、未来世代に負の遺産を残す原子力発電から脱却するためです。

しかし、再生可能エネルギーだからといって、すべてが手放しで受け入れられない状況があるのです。実は、その設備が環境破壊につながっている場合もあるからです。

たとえば、太陽光発電は地球に優しいから促進すべきだと思ってはいませんか？でも、かならずしもそうとは言い切れません。一部の太陽光発電では、森林を伐採してコンクリートで埋め立てたり、生態系を無視した造成をするなどして、地下水脈を断絶します。その後、巨大な敷地にパネルを組み立て、その下には除草剤や防草シートなどを使用します。

さらに、ほとんどが外部資本で作られているので、利益が都市部へ流出。地元コミュニティには何のメリットもありません。

これら一部の太陽光発電は、環境面でもトータルではマイナスになってしまうことも多く「植民地型野立てメガソーラー」と呼ばれています。

そんな中、今注目を集めているのが、ソーラーシェアリング。農地（耕作放棄地も含む）の上に細長い太陽光パネルを設置し、太陽エネルギーを農作物とシェアしながら発電するシステムです。

ソーラーシェアリングは主に地元資本・地元運営なので、利益が地域に還元されます。また有機農法を行えば、除草剤を使う必要もありません。耕作放棄地を畑として再生することもできますし、作物の光合成による炭素固定も促進されます。このシステムが世界的に広まれば、食料とエネルギーの問題に加え砂漠化を同時に解決し、飢餓や貧困、略奪のない世界をつくる有効な手段となり得ます。

農林水産省では、この発電設備を「営農型発電設備」と呼んでいます。

ソーラーシェアリングで広がる可能性

はじめてソーラーシェアリングの存在について知ったのは、市民エネルギーちば株式会社（以下、みんエネ）代表の東光弘さんのお話でした。

東さんたちは、千葉県の匝瑳《そうさ》市で2014年にソーラーシェアリングを開始しました。現在、太陽光パネルの下では、有機栽培で大豆や麦などを育てています。

「ソーラーシェアリングでは、誰と何をシェアするのか」という東さんの説明に、私は心動かされました。

1つ目は、地球環境のシェア、微生物との共生です。みんエネでは、地下水脈の流れが改善するよう、建設の際に地中に溝や竪穴を掘ったり、木炭を入れたりしているそうです。

2つ目は、お金や関係性のシェア、社会との共生です。みんエネのソーラーシェアリング事業によって、今後20年で地元に3億2800万円以上のお金が生まれ、地域に循環していく予定だそうです。

このお金は、匝瑳市だけでなく、地元の農家や地権者、協議会や企業に配分されます。さらに、イベントや見学会などを行えば、地域の関連業者にもお金が落ちます。

また、有機農業体験を通じて農村と都市の人たちをつなぐこともできるのです。

大型台風が千葉県に大きな被害をもたらした時も、ソーラーシェアリングの施設は無事に発電し続け、地域に貢献することができました。この時みんエネでは、ソーラー充電ができる無料スペースを開放。市内で暮らす海外から来た方々も含めて、情報交換の場として役立ったそうです。

災害時に、それぞれの地域がエネルギーを発電していれば、地域内で起きたエネルギーの問題を自分たちで解決することができます。現在はさらに進んで、EVや蓄電池も組み合わせて、災害での停電時に地域全体に電力を供給する「マイクログリッド」プロジェクトが、行政とも連携して進行中です。

中央に依存せず、地域で助け合いながら機能するコミュニティを「自律分散型コミュニティ」と言いますが、この例は、ソーラーシェアリングによって、そんな新しいコミュニティが生まれる可能性を表しています。

学べば学ぶほど、人や生き物と共生できる社会をつくり出すために、ソーラーシェアリングが大きな一歩となることがわかります。

省エネなくして、再エネなし

では、私たち自身は、暮らしの中で何ができるでしょうか。

エネルギー問題を考える際に忘れてはならないスタンスが、「省エネなくして再エネなし」です。これは東さんの言葉ですが、まったく同感です。

再生可能エネルギー発電の促進も、もちろん大事です。ただその前に、どんな人も今すぐできること、そしてとても重要なことがある。それが「省エネ」です。

国立環境研究所によると、家庭から出るCO_2の排出量の割合は、2019年度には電気が45・1%と、実に半分近くを占めています。つまり、みんなが省エネを心がけることが、CO_2削減への大きな貢献となるのです。

たとえば、電球をLEDに切り替えたり、週に1回キャンドルで過ごす夜を作ったりするのはどうでしょう？　やさしいキャンドルの灯りは、気分をリラックスさせてくれるかもしれません。また、電力消費を減らすために、早寝早起きの生活スタイルに変えるのもひとつの方法です。実は最近、私も早寝早起きに挑戦中です。健康を維持するためではありますが、結果的に電気の無駄使いも減ったように思います。

東さんは、「1は、0ではない」とおっしゃいます。どんな小さな「1」でも積み重ねていくことが大切です。

自宅の電力を再生可能エネルギーにシフトすることは、できることのひとつで効果的です。

お話しした通り、再生可能エネルギーは一長一短で、現在、完璧なものは存在しません。でも、従来の石炭火力のような温暖化を招く発電より断然ベターです。

その選択肢は年々増え、移行も簡単にできるようになっています。

私の家も「ハチドリ電力」に切り替えましたが、手続きがあまりに簡単で驚きました。今まで使ってきた電力会社の電気契約明細を片手に、ネットから必要事項を入力するだけ。もとの電力会社に連絡をする必要もありません。

契約は5分ほどで完了しました。これだけ簡単でシンプルだとわかれば、一歩踏み出す人も多いかもと思いました。

日々省エネを心がけながら、それぞれの長所と短所を見きわめて、よりよい再エネを選んでいく。それが地球1個分の暮らしをするために、私たちにできることであり、やらなければいけないことです。

動物のために私たちができること

この章の最後に取り上げるのは、動物に関するテーマです。

エシカル消費を学ぶ中で、多くの人がもっとも衝撃を受けるテーマが、動物福祉（アニマルウェルフェア）と動物の権利（アニマルライツ）だと思います。

動物福祉とは、動物が意識ある存在であることを理解し、たとえ短い一生であっても、動物の生態・欲求を妨げることのない環境で、適正に扱うこと。

動物の権利とは、動物が、その動物らしくいられる権利のことで、人とその他の動物で順位をつけず、差別をしないことです。


実は、WAP（世界動物保護協会）が発表した2020年版の動物保護指数（API）を見ると、日本の動物福祉は、G7の中で最低ランクをつけられています。

特に、日本の畜産の現状は、動物たちにとって厳しい状況にあります。現在このテーマは、世界的にとても重要になっていますが、日本ではまだなじみが少ない分野です。

ぜひ、まず「知ること」から始めましょう。

この本では、大まかにふたつの問題についてお伝えします。

ひとつは、私たち人間が、欲望のままに肉や卵を消費してきた結果、動物たちが劣悪な環境で飼育され苦しい思いをしているということ。

もうひとつは、肉食は環境問題の大きな原因のひとつであるということです。

「工場型畜産」が動物も人間も苦しめている

まず、身近な食品である卵についてご紹介します。

卵は、戦後唯一値段が変わらないと言われているほど、いまだにとても安く売られています。その卵を生産する現場はどうなっているのでしょうか。

これは畜産業全般に関して言えることですが、日本では今、たくさんの動物をひとつの建物に入れ、過密状態で飼育する「工場型」が一般的です。

その中でも、特に「工場化」がいちじるしいのが採卵養鶏場で、ひとつの建物に数万羽単位の鶏がすし詰め状態で閉じ込められています。

鶏たちが入れられている「バタリーケージ」は、諸外国では動物福祉の観点から禁止が進んでいるにもかかわらず、日本では92％以上の養鶏場が使用しています。

バタリーケージとは連結型の飼育ケージですが、このケージの中では、鶏たちはほとんど身動きがとれません。他の鶏に潰され、金網に挟まって骨が折れ、立ち上がれなくなった鶏は餓死したり衰弱死したり、または殺処分されます。1~2年後、と畜されるときにはぼろぼろになっています。

なぜ、そのように残酷な方法で飼育されるのか。安く、たくさんの卵を生活者に売るためです。私たち買い手は、効率を優先したバタリーケージの中で、見るに耐えない環境で育てられた鶏たちが産む卵を食べていることになります。

今の日本では、鶏肉や豚肉なども、この工場型畜産が主流です。

このような工場型畜産は、動物たちだけでなく、従業員の方たちの苦痛も伴っているケースがあります。

動物の福祉と権利のために活動する認定NPO法人アニマルライツセンター代表理事の岡田千尋さんのお話によると、畜産場で働く方も、苦しむ動物たちと接するのがつらく、精神的に耐えられなくなり辞めていく人も多いと言います。

しかし、今は少数ですが、動物福祉に配慮した畜産現場で働く人たちももちろんいます。彼らは動物たちとコミュニケーションをとりながら大切に育てられる畜産という仕事に、誇りと喜びを持って向き合えているそうです。

私は、岡田さんのお話を聞いて、平飼いや放牧の卵以外は一切買わなくなりました。手間暇のかかる平飼いや放牧の卵は適正価格なのですが、一般的な卵があまりにも安いので高いと感じる人も多いのが現状です。たしかに普通の卵よりは気軽に買いにくいかもしれませんが、食べる回数を減らし、ほんとうに味わっていただくという考え方でバランスをとるのもひとつの方法かもしれません。

ハンバーガーが温暖化につながる理由

次に、畜産が環境へおよぼす影響について見ていきましょう。

地球上には今、約８００億もの家畜が存在しています（日本は約10億頭）。それらの家畜のために、全世界の農地の75〜80％が、飼料用の耕地や放牧地として使われているそうです。

また世界銀行によると、畜産業のために破壊されたアマゾンの熱帯雨林は、この40年で68万平方キロメートル。日本の面積が37万平方キロメートルなので、日本の２倍近くの面積です。実に、アマゾンの森林破壊の9割以上が、畜産が原因で起きていることがわかっています。

また、森林を伐採して飼料を作り、家畜を育てる過程で大量の水が使われ、CO_2が排出されています（牛肉1キログラムを作るには、生産から輸送までに約1万5千リットルもの水と、約11キログラムの穀物が必要です）。

さらに、飢餓で苦しむ人たちが6億9千万人いる（国連WFP調べ）と言われる中、世界の大豆の7割以上が、家畜の飼料になっています。

つまり畜産とは、大量の水と穀物を、少量の畜産物に換える産業とも言えるのです。現在のスタイルが続けば、近い将来、水や食料資源の問題が悪化することは目に見えています。食料問題に直結しており、戦争や紛争の引き金になる可能性もあるのです。

温室効果ガスの影響も深刻です。畜産が占める割合は、温室効果ガス全体の14・5%で、交通機関の排出量よりも多いことがわかっています。

この話をすると、「畜産で温室効果ガス？」とけげんな顔をされますが、家畜が出すゲップ（メタンガス）は、CO_2の20倍以上もの温暖化効果があると言われています。

Worldwatch によると、畜産によるCO_2（換算値）排出量は325億6400万トンで、GHG（温室効果ガス）の年間総排出量の51％を占めているそうです。

「肉食」という選択について考える

このような状況を受けて、今世界では多くの人たちが肉食を手放し始めています。スウェーデンの視察でも、たくさんの若者たちがビーガン（動物性食品を一切食べない完全菜食主義）に移行をしているのを目の当たりにしました。

現地のバーガーキングの一番人気メニューは、代替肉を使ったバーガーだそうです。彼らがビーガンになったのは、自分の健康のためではありません。肉食を続け、環境破壊に加担したくないという理由からです。

お肉をいただくかどうかを話題にする機会は、日本ではまだ少ないかもしれません。もし話題になったとしても、「0か、100か」（肉食か、ビーガンか）の議論になりやすいのも特徴です。意見の対立しやすい分野ですが、それだけ人間は食べることに執着しているということでしょう。

人間が食べて生きていくという行為は、どんな場合でも地球にとっては何らかの負荷は与えています。たとえば、ビーガンが100％環境に負荷をかけないかといえば、そうではありません。もちろん、肉食と比べると生産や輸送において負荷は大幅に減ります。しかし、穀物や野菜、代替肉の原材料（大豆など）などを栽培して運ぶ際の負荷は当然あります。

歴史を見ても、生きる環境に応じて多種多様な食文化がありました。

また、環境や土壌に配慮しながら野菜を育てる農家の方と同じように、動物や環境にきちんと配慮した方法で生き物を育てている畜産家の方が増えています。そういった方たちの生産物を購入して応援することも、ひとつの選択だと思います。

私自身は、ビーガンではありません。今は牛肉を食べることはほとんどありませんが、それ以外のお肉は時々食します。

温暖化という問題を抱えた今の時代は、世界中の人が肉食をやめることが正しい選択肢なのかもしれません。しかし「肉食＝悪」ではないとも思っています。生き物の命の重さは、野菜も含めてすべて同じだと思います。

日本で昔から「足るを知る」という言葉が大切にされてきましたが、生産背景をしっかりと理解した上で、食べる時は感謝しながら必要な分だけをいただく。地産地消を意識して、なるべく地元でとれた食材をいただく。現時点では、これが私にとって最善の考えだと思っています。

人間は食べていかなければ生きていけません。それこそ「食べる」ことは人間の存在自体を問うていくような深いテーマです。これからも、ベターなものは何かを考え続けていく必要があるでしょう。

動物についての話は命に関わる話であり、同時に、目を覆いたくなるショッキングな状況がいまだにあるのも事実です。ですから、どうしても重くネガティブな話に捉えられてしまいますが、実は、とてもポジティブで明るい話なのです。

自分たちが口にしている食べ物の背景を知り、きちんと話題にして議論していくことで、暮らしをよりよいものに変えていけるからです。そうすれば、少しずつでも、動物と共生していく未来へ進んでいけます。

ですから、目を背けず考えていくことが大切だと思います。ひとりひとりに、生活者として考え続けていっていただきたいテーマです。

3章

変化を楽しみながら進むには

はじめの一歩、次の一歩を踏み出すためのヒント

1、2章では、私たちがいる世界の一部を照らしてみました。

他にも、課題はまだまだありますが、今地球上で起きている問題や、それを解決するための最前線の取り組みについて、その一端を知っていただけたと思います。

この章では目線を近くに向けて、私たち自身が、これから暮らしの中で、どんな変化を重ねていけばいいかについて見ていきましょう。

見知らぬ土地を旅する時と一緒で、新たなチャレンジを始める時は、かならず「この道を進んでいいのかな」「こんな時、どうすればいいんだろう」といった疑問や迷いが出てくるものです。私のもとにも、たくさんの質問やご相談が寄せられます。

特に、はじめの一歩を踏み出す時は戸惑いもあるでしょう。中でも、今の便利で快適な生活を変えるのは抵抗があります。

私も、キリマンジャロから戻って活動を始めようと思った時に、今までの生活を手すぐに手放すことはできないし、やるのが面倒だと思っていました。そして、暮らしを変えるのは難しいけれども、問題解決のためになるようなことはやりたいと思い、

海岸のゴミ拾いや環境NGO団体の活動に参加しました。

もちろんゴミ拾いや活動に参加をすることも立派なアクションのひとつですが、他にもできることはないだろうかと模索していた時、雑誌でとても素敵な白いワンピースに出会ったのです。

私は当時ファッションが大好きだったので、そのワンピースが欲しくて調べてみると、それは1章でもお話ししたピープルツリーが扱うフェアトレードのものでした。この時はじめて、私は、フェアトレードとは途上国の生産者と公正な取引を行うことであり、環境や生産者に配慮したものづくりだと知りました。また、その製品を買うことで、日本にいながらにして環境保護や途上国の作り手の支援になると知りました。つまり私にとって、今に続く大きな一歩は、興味を持ったものについて「調べる」ことだったのです。

それではここで、クエスチョンです。

あなたにとって、興味のあることは何でしょうか。

今、一番お金をかけている分野は何でしょうか。
なんとなくであっても、「これが気になる」という事柄は何でしょうか。

そうやって、自分の関心のありどころを探るのも大事です。ひとりひとり、関心のある分野は違います。また、お金を使うところも違います。食べることにお金を使う人は、ぜひ食事のことから、ファッションが好きであれば洋服のことから、毎日コーヒーを飲む人は1杯のコーヒーから……。「はじめの一歩」は、それぞれについて調べたり、いいなと思うものを買ったりすることから始めてみるのはどうでしょう。

一度でもエシカルな選択を体験すれば、実は意外と簡単にできることがわかり、きっともう少し知ってみたい、やってみたいという好奇心が湧いてくるはずです。気負わず、好きな分野から暮らしを変えていくことをおすすめします。

足すより引いてみる

でも、自分の関心がある分野がわからないし、どれも中途半端になりそうだ。

やりたいと思えることや、ピンとくるアクションが見つからない。もしそう感じるならば、まずは今の暮らしを振り返り、そこに何かを足すより「引くこと」から始めてみてはどうでしょうか。

エシカルな暮らしを始めたいと考えた時、私は自分のクローゼットを見直し、山のように積もっていた洋服を引っ張り出して、ほんとうに必要かどうかを見きわめました。

そして、必要でないものは、洋服のエクスチェンジという交換会に出品したり、パスザバトンという古着を出品できるお店に持っていったりしました。よく〝断捨離〟と言いますが、それと似たような作業です（現在、パスザバトンは買い取りを停止していますが、リサイクル品やデッドストックのリメイク品を購入できます）。

クローゼットを見直さないまま、エシカルなブランドの洋服を買う。つまり「足す行為」も選択肢としてありました。しかし、それより先に「今あるもの」から引き算をしてみようと思ったのです。

でも、それだけにとどまりませんでした。なぜ手元に残した洋服が必要だと思ったのかを考えたのです。

正直に言うと、私も昔は大量生産された洋服をたくさん持っていました。でも整理をして手元に残したいと思ったのは、母からゆずってもらった洋服や、自分が一生懸命お金を貯めて購入した洋服、ヴィンテージショップで買ったオリジナリティあふれる服などでした。

結局、ずっと着続けたいと思う洋服は、何かしら「物語」があるものなのだと気づかされたのです。クローゼットを見直してみなければ、気づけないことでした。

引き算をすると、それまで見えてこなかったものが照らし出されます。

たとえば、家庭でゴミの量をはかり、減らす努力をするのも、引き算の行為だと思います。ダイエットと同じで、現状をはかって把握しなければ、ゴミをどのくらい減らせばいいのかも、実際にどのくらい減ったのかもわかりません。

私も家から出るゴミの量をはかり、どんな種類のゴミが一番多いのかを分析しました。もっとも多かったのは、プラスチックゴミでした。

プラスチックは、ありとあらゆる商品の包装に使われています。ですから、社会のシステムそのものが変わらない限り、買う側としては減らすことがなかなか難しいゴミです。それでも工夫をすることで、暮らしの中から少しだけプラスチックゴミを減らすことができました。

たとえば、なるべく市場へ行き、袋詰めされていない野菜を買ったり、詰め替えできる洗剤を利用したり……。はかり売りでナッツやドライフルーツを買う時やテイクアウトのお店を利用する時など、目的がはっきりしている買い物にはかならず容器を持参しています。

足すより引くを意識すると、暮らしがよりシンプルになっていきます。

サステナブルな暮らしをするために、新しいエシカルなものを買い足すより先に、まず今あるものから、何をどう減らしていくのか、引き算の考えもまた大事なのではないかと思います。

エシカル度は、どうやって決める?

しかし、そうやって一歩踏み出したあとも、エシカルな視点で物事を見て暮らしを変えていくと、具体的な悩みはそれこそ毎日生まれます。講演や講座を続けていると、実に多くの似たような質問や相談をいただきます。

「地産地消の生産物と、海外から運んできたオーガニックなもの、どちらを選ぶべきですか？」

「100％リサイクル・ポリエステルと100％オーガニック・コットンのTシャツは、どちらがサステナブルですか？」

「環境に配慮した商品だと思って選んだのに、調べてみたら、そこまでエシカルではなかったとわかりました。時代と共に良し悪しの判断や常識が変わっていく中で、ほんとうに正しくて、エシカルな消費をしていくのは難しいように感じます。よりよいものを選ぶには、どうしたらいいでしょう」

「そうそう、私も迷ってた」という質問があるのではないでしょうか。

エシカル消費は多岐にわたるので、その中でどれが最善なのかを決めるのは、簡単ではありません。こうやって、たくさんの方が迷ったり悩んだりしながら、日々の選択を重ねているのです。

でもそれは、真剣に考えている証拠です。ひとつひとつの事柄について影響をしっかり考えるからこそ、買い物で迷ってしまう。さらに今、エシカルな商品やサービスがどんどん増えているからこそ、どれが最善なのか選べない。私自身もそうですから、このような悩みや疑問はとてもよくわかります。

結論から言うと、エシカル消費にただひとつの「正解」はありません。どの側面から見るかによって、その商品の「エシカル度」は変わってくるからです。

ですから、常に「エいきょうを　シっかりと　カんがえル」こと。そのために、その商品やサービスの全体像を俯瞰して捉えることが大切になってくるのです。

さまざまなイシュー（課題）がつながっている

たとえば、環境によいとされる電気自動車は、環境面の負荷が少ないのは事実です。

しかし、他の側面から見たらどうでしょうか。

電気自動車を作るには、コバルトやリチウムという鉱物が必要です。そのコバルトを採掘するために、鉱山での児童労働や強制労働が報告されています。環境にはよくても、実は、人の犠牲の上に立っていたということになります。

また、リチウムは南米チリのアタカマ塩原が最大の生産地ですが、大量の地下水を汲み上げて採取するために水不足を引き起こし、地域の生態系に大きな影響を与えているそうです。

多角的に物事を見る力を身につける助けとなるのが、イシューリンケージ（issue linkage）という考え方。簡単に言えば、それぞれのイシュー（課題）をつなげて考える姿勢です。

イシューリンケージの視点で考えていくと、「17項目あるSDGsの中で○番と○番がクリアできているからOK」と、簡単に片づけることはできません。すべてはつながっているので、全体を見ながらどんな商品を買うかを決めたり、問題を解決したりする力を身につける必要があります。そうしないと、大切な要素を見落としてしまう可能性があるのです。

また当然ながら、どの価値観を優先させるかは、人によって変わってきます。だからこそ、自分の選ぶものがもたらす影響を、自分自身の頭で考え続けていくことが大切だと思っています。

専門家の意見を聞いてみよう

影響を考えていくには、やはり情報収集やインプットが必要です。本や雑誌、ネットなどを活用するのはもちろんですが、もし機会があれば、率直な疑問を専門家にぶつけてみるのもひとつの方法かもしれません。

以前、大阪市立大学大学院経済学研究科准教授で経済思想家の斎藤幸平さんに、このような質問をしたことがあります。

「私は日々 iphone や MacBook を使い、時々新たなモデルに買い替えています。エシカル消費の活動をやっている私が、このような消費をしていってもいいと思いますか？　取るべき選択は何でしょうか」

すると、斎藤さんはこう答えてくださいました。

「新モデルの発売ごとに買い替えるのはやめた方がいいですが、結局私たちがパソコンを使わなかったところで、社会は変わりません。ですから、個人の消費の話をするのではなく、社会システムの話をする方がいいと思います。

個人の努力に還元する流れが、『自分たちが我慢すればいい』というイメージを強めていると思います。しかし、これは構造的な問題なので、私たちが罪悪感を感じる必要はまったくありません。個人のせいではなく、政府や企業の努力がもっと必要だということを声に出して言っていくべきだと感じています」

また、このようにもおっしゃっていました。

「実は、自分自身も、どんな一歩から始めたらいいか、今ひとつわからないこともあります。しかし、アクションを起こした方が想像力が出てくるので、やはり行動に移すことからしか始まらないと思います」

たしかに行動しなければ、いつまでも同じ目線でしか物事を捉えられません。動いてみてはじめて、「次の一手」が見つかるのだと思います。

影響をしっかりと考え続ける

迷った時に私がいつも立ち戻るのは、やはり1章でもお話しした「エいきょうをシっかりと　カんがえル」ことです。

ある日の買い物で、食品ロスに配慮した不ぞろいの野菜が売られていました。しかし、野菜はプラスチックの袋にそれぞれ包まれていて、購入するとプラスチックゴミがたくさん出てしまいます。

悩んだ末、私はその野菜を購入しました。野菜が売れ残ってしまったら、結局捨てられてしまう。でもプラスチックゴミはきちんとリサイクルに出すか、袋を二次利用すればいいいと思ったからです。

買い物の時に、いちいちそういった影響を考えるのは、たしかに手間がかかります。しかし、頭の体操だと思って想像力を働かせてみてください。

これを日々繰り返していると訓練となり、自分なりの視点や基準が育っていきます。すると、あまり考え込まずに、自分が大切にしたいものさしでもって判断ができるようになってくるはずです。私も頭を悩ませながら、考え続けていっています。

また最近では、信頼できるお店の目星をつけ、そこで日用品や食品を買うようにしているので選ぶストレスがなく、安心感もあります。新しいお店が次々に生まれているためアップデートは必要ですが、「これを買う時は、ここ」と、自分好みのエシカルなお店のリストを作っておくのもおすすめです。

人間はミスをする生き物である

「正しい」商品やサービスを選びたいときに参考になるのが認証ラベル制度です。認証ラベルがついている製品は、サプライチェーン（原材料調達から販売に至るまでのルート）が定期的に調査され、公正な製造や流通が行われていることが確認されています。

トイレットペーパーやコーヒー、チョコレート、食用油など、最近多くの商品に、認証ラベルがついているのを見かけるようになりました（代表的な認証ラベルを120ページに掲載しているので、参考にしてください）。

私はこれまで、「認証ラベルを目印に買えば、ほぼ間違いなくエシカルな消費ができます」と伝えてきました。その中で、よく聞かれる質問があります。

「認証ラベルの信憑性について、どうお考えでしょうか？　認証ラベルのついた製品に問題があったと、ニュースで見聞きすることがあります。もしそれが事実なら、認証ラベルをほんとうに信頼していいのか悩みます」

たしかに、認証ラベルのついた商品で、実際はサプライチェーンに問題があった例も報告されています。

せっかく買った商品に問題があったとわかれば、誰でも裏切られた気持ちになるでしょう。また次の買い物では、ほんとうに認証ラベルを信じていいのかと、不安にもなるはずです。

この問題を考える時、ある前提を心に留めておく必要があると、私は感じています。それは、私たちは誰もが、不完全な存在であるということです。

人間は、小さなミスや失敗を繰り返します。たとえば、電車の時間を間違えたり、約束の時間に遅れたり、財布を失くしたり、あるいは、やむにやまれず小さな嘘をついてしまったり……。

そんな私たちが、100%完璧な認証システムを作ることはなかなか難しいことです。仮に完璧な認証基準ができたとしても、その運用には大勢の人間が関わります。その中の誰ひとりとしてミスや失敗を犯さないと、誰が言えるでしょうか。

一方で、社会には、人間のミスや失敗というレベルの話では済まされないことがあります。たとえば、弱い立場の人に対して意図的な搾取をすること。企業の利益のために、動物を虐待したり自然環境を破壊したりすることです。

またこの世界には、ひとりひとりの善意や努力では解決できない、複雑で構造的な不公正があることも事実です。

私は、そんな現状を変えていくひとつの手段が、認証というしくみだと考えています。なぜなら、認証システムがなければ、搾取や不平等の問題は「問題」として認識されないままになる可能性が高いからです。実際には深刻な問題が存在しているのに、それが広く知られなければ、今の社会システムが変わるスピードも遅くなっていきます。

その意味で、私はこれからも、認証ラベルを参考にして生活していこうと思っています。

私たちは誰もが、社会の一員として、よりよい社会をつくっていく役割を果たせるはずです。しかしその役目は、認証ラベルを無防備に信じるだけでは果たせません。私自身もできる限り情報をキャッチし、目や耳や感覚を研ぎ澄ませて、真実を知る姿勢を持ち続けようと思っています。

それにしても、エシカルに生きていくって大変ですね。だからこそ皆さんと一緒に、前向きに、楽しく取り組んでいきたいと考えています。

大事なのは、たとえ異なる意見でも十分に耳を傾け、理解しようと努めること。その上で、自分自身で考えて判断していくこと。そして、疑問に思ったりおかしいと感じたりした気持ちを見逃さないことではないでしょうか。

ASC

環境や社会に配慮した責任ある養殖により生産された水産物にのみ認められるマーク。

GOTS

オーガニック繊維製品の認証マーク。有機栽培（飼育）の原料から最終製品まで環境と社会に配慮し加工されたことを示す。

OCS

原料から最終製品までの履歴を追跡し、その商品がオーガニック繊維製品であることを証明するマーク。

FSC®

森林の環境や地域・社会に配慮して作られた製品であることを示すマーク。

国際フェアトレード認証ラベル

開発途上国の生産者への適正価格の保障や、人権・環境に配慮した一定の基準が守られていることを示す。

WFTO 保証ラベル

WFTO（世界フェアトレード連盟）加盟の生産団体や販売団体がフェアトレード基準を守っていることを保証する。

フェアトレードUSA

安全な労働環境や環境保護、持続可能な生活、地域社会向上のための賞与（プレミアム）を保障し、厳格な社会的、環境的および経済的基準が守られていることを示す。

＜認証ラベル＞

監修　一般社団法人日本サステナブル・ラベル協会

有機 JAS マーク

JAS 法で定められた有機生産基準で生産、加工された食品。自然の力で生産されていることを示すマーク。

Regulation EEC.No.834/2007 of Organic Production

EUの加盟国統一のオーガニック認証マーク。EUと日本は互いに有機制度の同等性を認めている。

USDAマーク

アメリカ農務省の定めるオーガニック認証マーク。アメリカと日本は互いに有機制度の同等性を認めている。

RSPO

パーム油の生産が熱帯雨林や生物の多様性、人々の生活に悪影響をおよぼさないように持続可能な原料を使用、またはその生産に貢献した製品であることを示すマーク。

レインフォレスト・アライアンス認証マーク

基準を守り、より持続可能な農業を行っている農園からの作物を使った製品であることを示す。

MSC「海のエコラベル」

水産資源と環境に配慮し適切に管理された、持続可能な漁業で獲られた水産物であることを示す。

全体像を想像しながら、問題を解決しよう

次の質問も、講演などでかならずといっていいほど出る質問です。

「カカオ農園やコットン畑で、子どもたちが強制的に働かされていると知ってショックでした。でも、もし私たちがチョコレートやコットン製品を買わなければ、その子どもたちの仕事を奪うことにならないでしょうか。結局子どもたちは、またプラスチック拾いなどの別の仕事をするだけになってしまいませんか？」

児童労働だけでなく、劣悪な環境で働かされている大人の労働者たちに対しても同じような質問が出ることがあります。

このような質問が浮かぶのはごく自然なことで、疑問に思って当然です。

今までお話ししてきたように、私たちが直面する問題は複雑です。問題の一面を解決しようとしたら、別の問題を悪化させるといった例は、枚挙にいとまがありません。

だからこそ、問題の全体像を想像しながら解決策を考えることが重要なのです。

しかし、すべてを一挙に解決できる方法がないからといって、私たちが動かないでいいのかというと、そうではありません。誰も行動を起こさなければ、児童労働に従事する子どもたちの未来は変わらないからです。

彼らにとって、今ある仕事は「必要悪」として片づけられるものではないはずです。なぜなら、その仕事を続けても、人間としての最低限の権利すら満たすことができないからです。

私は以前、インドで児童労働の現場を目の当たりにしたことがあります。親元を離れて農村部から連れてこられた10歳くらいの子どもたちが、窓のない蒸し暑い部屋で雑貨を作っていました。安価なエスニック雑貨としてよく見かける蠟燭やアクセサリーです。彼らが働かされていたのは、日本人には想像すらできない劣悪な環境であり、見過ごすことは絶対にできない次元のものでした。

児童労働の問題の根源は、農作業だけでは収入が足りず、家庭が貧しいということです。

本来、子どもはどんな国や地方に生まれても、大人から護られ、学校に行き、教育を受けるべき存在です。しかし、途上国の農村部では、子どもたちが家計を支えるために働かざるを得ない状況があるのです。

ですから、児童労働撤廃のために活動をしている認定NPO法人ACEのような団体などでは、親に教育を提供し、収入を増やすための支援なども行っています。

では、私たちに何ができるかというと、基本は、児童労働などの問題がある製品をなるべく買わないこと。つまり、購入する際は、児童労働が行われていないフェアトレードの製品を買うことです（「児童労働」で検索すると、さまざまな団体や機関が参考になる情報を発信しています）。

しかし現実的には、子どもたちが関与しているかもしれない製品を販売し続けている企業もあります。だからこそ、すべての子どもが安心して成長していける世界を作るために、私たちの方から声を届けていく必要があると思います。具体的な考え方や方法は4章で紹介しましょう。

エシカルな社会に変わる過程で職を失うかもしれない人たちが、スムーズに持続可能な社会に貢献する仕事に転職できたケースがあります。

エシカル協会の相談役を務める枝廣淳子さんから教えていただいた例です。

北海道の下川町では、暖房用の灯油などの石油・石炭製品を、地域資源であるバイオマスエネルギーで置き換える取り組みをスタートさせました。

しかし、これまで灯油を売って生計を立てていた人々はどうなるのかという課題を抱えていたそうです。そこで、灯油を販売している4つの灯油組合に、バイオマスエネルギーを供給する協同組合を作ってもらい、バイオマス原料の製造と配達を担当してもらったそうです。新しい社会へ移行する際の成功例として希望を感じる話です。

しくみが変わらなければ、問題は解決しない

いろいろな悩みや疑問について見てきましたが、私も日々、新しい課題や問題にぶつかりながら、どうやって乗り越えて前に進むか考えています。

そんな中、私なりに気づいたことがあります。

私たちは不完全で不公平、不公正な世の中を生きている。社会のシステム自体が、

こうした「不」を生むしくみになっている。だから、いくら改善しようとしてもシステムそのものが変わらない限り、根本的な解決には至らない。問題がひとつクリアになっても、また新しい問題が出てくるのだと。

たとえば、次のような問題は象徴的な例だと言っていいでしょう。

2021年、プラ素材のリサイクルを促進するためにプラスチック資源循環促進法が公布されました。また2050年カーボンニュートラルに向けて、バイオプラスチックへの移行も政策の中で掲げられています。

そんな背景を受けて、今、石油由来のプラスチックをなくすために、植物性由来のプラスチックや生分解性プラスチックなどさまざまな新素材が生まれています。しかし、新素材だからといって無条件に歓迎できるかというと、状況は単純ではないのです。

それらは当然、地中から新たな石油を掘り起こして、新しいプラスチックを作るよりも断然よい選択だと思います。

が、私たちは新たな課題にぶつかります。植物性由来や生分解性プラスチックであれば、今までのように作り続け、使い続け、捨て続けていいのだろうかと。

植物性由来のプラスチックも、その原料は、もしかすると森林を伐採した土地で農作物を育て、水や農薬を使って、環境に負荷を与えながら育てられているかもしれません。世界には、飢餓で亡くなる人たちも多いのに、そうやってプラスチックの原材料を作ることが果たして正しいのでしょうか。

植物性由来のプラスチックは、ほんとうに地球に優しいのか

現時点でプラスチックは4つに分類できるそうです。

・石油からできていて、生分解しないもの
・石油からできていて、生分解するもの
・植物からできていて、生分解しないもの
・植物からできていて、生分解するもの

植物からできているプラスチックは、植物が成長する際に大気中の二酸化炭素を取り込むので、燃やしても新たに二酸化炭素を排出しないと見なすことができます。ま

た生分解するものは、すばやく完全に分解すれば生態系に悪い影響を与えることはありません。

しかし、生分解プラスチックが分解するには微生物が必要ですが、海の中の微生物は土の中に比べてとても少なく、温度が低いので活動も活発ではないそうです。生分解するプラスチックでも分解速度が遅ければマイクロプラスチックとなり、海の生き物にとって脅威になる可能性があります。植物性由来の生分解プラスチックだからといって、環境にとってベストとは言い切れません。

またプラスチックは互いに混ざりにくく、種類が異なるプラスチックが混ざると強度が低くなります。植物性由来の生分解性プラスチックと従来のプラスチックが混ざってしまうと再生材の質が落ちるため、材料として再び使用することはできないのです。

現時点で植物性由来の生分解性プラスチックの生産量は少なく、価格も高いそうです。またリサイクルできる工場もほとんどないとのこと。

果たして、この事実をどれだけの人が知っているのでしょうか。

新素材の開発やリサイクル技術の革新も大事ですが、同時に、プラ素材の標準化やゴミ分別技術の進化、ゴミ分別ルールの細分化にも、積極的に取り組む必要があると考えます。

さらに言えば、新素材のプラスチックが出てきたとしても、リサイクルできるからといって大量に作って消費し、捨ててしまってはエシカルではありません。いかに長く使えるよう設計するのか、あるいはリサイクルしやすいようにデザインするのかなども、ものづくりをする企業にとってはとても大事な観点です。

今、人類には経験したことのない問題が次々起こっています。それに対応する解決策がたくさん生まれていますが、技術は日々進み、「正しい」の基準は刻々と変わります。だからこそ、私たちはトライ&エラーの精神で実践を積み重ねながら、ベストではなくベターを選んでいくしかないのです。

これは、決して後ろ向きな考え方ではありません。「ベターを選ぶしかない」とわかった上で、できる限りのことをやっていく。それが、ベストな選択だと思います。

凄まじいスピードでサステナビリティの世界も動いている中、もしかしたら自分が正しいと思ってやってきたことが、実は間違っていたという現実を突きつけられる瞬間もあるかもしれません。

でも、それはそれでいいのです。そこから、よりよい方向に向かっていく柔軟性があれば、むしろ失敗したことがプラスに動くはずです。

新しい習慣を選べば、先駆者になれる

私のもとに寄せられる相談で意外に多いのが、周囲の人の理解を得られない、人の反応が気になるという悩みです。

たとえば、エシカルな生活を始めたいと思っているのに、周りの反応が気になって一歩を踏み出せないという声をよく聞きます。

「意識高い系」だと思われるのがいやだ、と若い人たちが言うことも少なくありません。

実は私も、昔は周囲の目を気にしていました。「いい子」とか「偽善」に見られるのはいやでしたし、友人たちと違う行動をすることにも抵抗がありました。

でも、いつしかフェアトレードやエシカルなものに魅了され、少しずつエシカルな価値観を暮らしに取り入れていきました。すると、1章でお話ししたように、周囲が勝手に、私を「エシカルな人」という位置づけで捉えてくれるようになり、気持ちが楽になりました。

逆に今は、「末吉さんは100%エシカルな暮らしをしているんだろう」と思われることに戸惑いを感じています（笑）。

なぜなら、そんな完璧な生活は無理だからです。実際に、私は100%エシカルな暮らしはできているわけではありません。むしろ、まだほど遠いと思っています。周囲に自然が多いとはいえ、比較的都会に暮らしていますし、私よりよっぽどエシカルでサステナブルな暮らしをしている人たちは、たくさんいます。

時には、同じように、自然により近いところで暮らしながら活動した方がよいのではないかと葛藤することもあります。

でも、ある時から、こう考えるようになりました。

たとえ100%でなくても、今の自分としては全力を尽くしている。そう自分自身で納得できれば、周りからどう思われるかは気にしなくていいのだと。

また、周囲との違いがどうしても気になるなら、こんな考え方もあります。

今、あなたの考え方や行動が少数派のように思えたとしてもいいのです。時代と共に価値観は変わります。今後もっと社会が進んでいけば、今まで何も気にしてこなかった人たちが、ようやく関心を持ち始める時が来るはずです。

その時、今から行動し始めていれば、誰もが未来をつくる先駆者になれます。

画期的な広告で、サステナブルな考え方を広めている株式会社GOのクリエイティブディレクター砥川直大さんは、次のようにおっしゃいます。

「エシカルやサステナブルに興味を持って行動する人の数は、二等辺三角形で言えば、頂点のほんのわずかな部分しかいないかもしれない。でも、その三角形の頂点をエシカルな未来に向けて横に倒したら、どうだろう。頂点にいる人たちは『最先端を行く人』になるのではないか、と。こう考えると、ワクワクしませんか？」

勇気を出したら「ありがとう」が返ってきた

実際には、「どうせ、わかってもらえない」と悩んでいても、実はきっかけがつかめないだけで、周囲には案外、理解者がいる場合もあるようです。エシカル・コンシェルジュ講座卒業生の例をご紹介しましょう。

銀行員だったその方は、コンシェルジュの修了証をもらってから「何かやりたい」と思いながらもきっかけが見つからず、もんもんとしていたそうです。同僚や上司ともエシカルやサステナブルに関連する話はほとんどしたことがなく、少しだけそういった話をした時も、あまりいい反応が得られなかったとか。

そんな彼女に、ある日チャンスが巡ってきました。

銀行全体でSDGsに取り組むことになり、勉強会を行う機会が舞い込んだそうです。彼女は、勇気を出してスピーカーに立候補しました。そして、コンシェルジュ講座で学んだ「暮らしの中の選択によって世界をよくすることができる」というテーマで話をしたそうです。

彼女は、銀行目線のビジネスの話ではなく、あえて「生活者である自分たちに何ができるのか」を中心に伝えたのでした。すると勉強会後、「知らなかった」「教えてくれてありがとう」と、たくさんの嬉しい言葉を同僚からもらったそうです。

「エシカルを伝えたら、ありがとうが返ってきました」と彼女は話してくれました。

このように、まだ言葉に出していないだけで、あなたと同じように環境や社会について関心がある人が、もしかすると周りにいるかもしれないのです。たとえば職場や友人との集まりで、さりげなくエシカルな話題を出してみたらどうでしょう。

ひとりでも共感してくれる人が現れたらラッキーです。「味方」を見つけると楽しく進んでいけるはずです。

リアルな場ではハードルが高ければ、ＳＮＳを利用して発信するのもいいかもしれません。実際、たくさんの方たちが今、エシカルやサステナブルな生き方についてそれぞれに発信しています。

どの発信にも共通するのは、楽しむ姿勢を伝えていることです。あなたも自分が楽しいと感じる等身大の情報を自分のスタイルで発信してみてはどうでしょうか。

尊敬するロールモデルを探す

それでもなお、周囲が気になる人や、自分がやっていることが間違っていないか、不安になる人におすすめしたいのが、尊敬できるロールモデルを探すことです。

私はキリマンジャロ登頂後、先ほどお話ししたワンピースを通じて、ピープルツリー創業者のサフィア・ミニーさんというロールモデルに出会いました。私は、憧れの存在であるサフィアさんと、どうしても直接お話ししたかったので、勇気を出して面会を申し込みました。

本物のサフィアさんは言うまでもなく、エネルギー満ちあふれるとても魅力的な方でした。社会を変革する活動家として、また女性として輝いている姿を見て、私も彼女のようになりたいと強く思いました。

ふたりでバングラデシュを訪れた時、生産者たちが「サフィアは私たちの命の恩人なのです!」と目を輝かせて語ってくれたことをよく覚えています。

サフィアさんはよくガンジーの「Be the change you want to see in the world.(あなた自身が変化の担い手になりなさい)」という言葉を口にして、「里花、私たちは世界をよりよい方向に変えていけるのよ!」と心を奮い立たせてくれました。

お手本となるような先駆者から学ぶことはたくさんあります。

先に動き始めた方々は、私たちの代わりに失敗もしてくれています。だから、どう進めばいいのか迷った時、あるいは、実際に失敗した時、パイオニアたちの歩みが参考になるでしょう。また、困難に立ち向かって前進するロールモデルの姿を見れば、おのずと力が湧いてくるはずです。

さらに、周囲の理解を得られず苦しい時は、先駆者の存在が心の支えになります。今までと違う常識や考え方は、そう簡単には人に受け入れられません。しかし、先駆者たちも皆、あなたと同じ道を歩んできました。はじめは理解者がひとりもいないところから活動を始めました。

自分の目標となる人を決めることで、「どう思われても、自分がやりたいことはやるんだ」「自分だって何かできるんだ」「ひとりじゃないし、怖くないんだ」、そう思えるはずです。

もし、「この人の生き方は好きだな」と思える存在、尊敬できる存在を見つけたら、そこで終わりにするのではなく、勇気を持ってアタックしてみてください。

講演会やワークショップに参加したり、SNSにコメントを入れたりすれば、きっとコミュニケーションをとれるチャンスがあるはずです。運よく話すことができれば、かならず発見や気づきがあり、そこから新しい未来のイメージや行動のアイデアが浮かぶでしょう。

逆に、ロールモデルとなった人も、自分の活動に興味を持ってくれる人がいることを知って勇気づけられるのではないでしょうか。

いちばん大切な人に、エシカルへの思いを伝える方法

ところで、もっとも近い存在である家族に自分の思いを伝えるのは、もっとハードルが高いかもしれません。

特に同居している場合、ゴミのリサイクルや食事、買い物などで考え方の違いが生じ、ストレスを感じがちです。ある人は、プラスチックを減らす生活を始めたものの、家族に理解してもらうのが大変だと話していました。

では、家族の理解を得るには、どうすればいいでしょうか。大切なのは、家族に自分の価値観を押しつけないことです。

まずは、あなた自身ができる範囲で、エシカルな価値観を暮らしに取り入れて楽しみましょう。手始めに、家族に贈るプレゼントをエシカルなものにしてみるのはどう

でしょうか？

そして、プレゼントと一緒に、その品物にまつわるストーリーをさりげなく伝えてみるのです。すると、「かわいい」や「素敵」「かっこいい」などという感情から、意外とすんなりエシカルな価値観を届けることができるかもしれません。

エシカルについての話は、ただでさえ説教くさい印象を人に与えます。

しかし、あなた自身が楽しみながらやっているエシカルな行動や、誰にとっても身近に感じる暮らしの工夫を例に話をすれば、共感を得やすいでしょう。

余談ですが、私は大学時代に韓国語を習い始め、今も勉強中なのでハングル文字が読めます。韓国語で「勉強」に当たる言葉は、「工夫」という漢字語です（「コォンブ」と読みます）。

日本語の「勉強」は「強いて勉める」と書きますが、これだと学びに楽しさが感じられません。しかし、韓国語の「工夫」は、学ぶことは、自分なりに工夫をする能動的な態度であることを示しています。

私たちがエシカルな暮らしを実践したり広めたりする上でも、知識や固定概念に囚われず、自ら工夫をしながら、楽しんで取り組んでいけばいいのだと思います。

周囲に関心を持ってもらうには

周囲の人に関心を持ってもらうヒントを、お笑いコンビ ココリコの田中直樹さんが教えてくださいました。

実はここ最近一番多く受けるのが、「まったく関心のない人を振り向かせるには、どうしたらいいでしょう」という質問です。そこで、MSC（海のエコラベル）のアンバサダーを務める田中さんにトークイベントでお会いした際に、どうしたら人々の心を動かし、共感してもらえるのかを尋ねてみたところ、こんな答えが返ってきました。

「みんなにとって何が〝引っかかる〟のかを考えてみたらどうでしょう。僕だったら温暖化の影響でホッキョクグマがいなくなるのがいやだなと思うんです。

たとえば、農家の方なら気候が変わると、農作物に影響が出ていやだなと思うでしょう。あるいは、祖父母と一緒に暮らしている人なら、暑い日が続けば、おじいちゃんやおばあちゃんが熱中症にならないか心配だと考えるはずです。

地球はひとつの生き物みたいなものだから、そういう身近なことを入り口にすれば、その先に、地球について考えてもらえますよね。

時には、子どもにわかりやすく伝えるために、極端な話をすることもあります。

病院に行きたい時に歯医者さんしかなかったり、海の魚がサケとかマグロだけになったりしたら困るよね、とか。もちろん、実際には起こり得ない話ではあるけれど、突きつめていけばそういうこともあり得ますよ、と……。そんなふうに、いかにして自分に関係があると感じてもらえるかを考えて話すようにしています」

田中さんの言葉通り、人は自分に関係があるとわかれば、関心を持ちます。相手の興味は何か。共に考えていけそうなことは何か。アンテナを張っていれば、話の糸口はかならず見つかるはずです。

誰もが心の中に「種火」を持っている

それでも、エシカルについて伝えていくと、こんな声に出会うのも事実です。

「社会にいいのはわかっているけど、自分には時間的にも金銭的にも無理」

「毎日生きるのに大変なのに、正論を押しつけられているように感じる」

人それぞれ、生き方も考え方も、置かれた状況も違います。だから、そういった声があるのは当然です。

しかし、こんな話を聞いたことがあります。

誰もが、心の中に「種火」を持っているそうなのです。ある瞬間、心の奥底にあるその種火に風が吹くと、それまで小さかった火がパッと燃え上がります。でも、その風が吹く瞬間は、人によって皆違うのだとか。

もし今、あなたがもどかしい思いをしていたとしても、どんな人の中にも種火があると思っていれば、気長に風が吹く日を待てるのではないでしょうか。また、その種火がつくような、心地よい風を送ろうと思えるのではないでしょうか。
もちろん、あなた自身が今動き出せなくても、風が吹く日を待っていると思えば、その日のために、自分なりに準備ができるのではないかと思います。

次の言葉は、サステナビリティの推進で幅広く活躍される不二製油グループ本社CEO補佐で立教大学特任教授の河口真理子さんから教えていただきました。

「今のリーダー層はかさぶたが剥がれるように、そのうちいなくなるだろう。かさぶたは無理に剥がそうとすると血が出るし、痛い。しかし、時期が来ると自然に剥がれ、その下には次々と新しい皮膚が生まれる。新陳代謝するように、古いリーダー層も変わるのだ」

この言葉を聞いて、私自身も大いに力をもらいました。「思いが伝わらないな」「なかなか広がりが生まれないな」と思うときは、このかさぶたの話を思い出し、かならず生まれ変わるであろう社会のために、一喜一憂せず粛々と、やるべきことをやるだけだと感じています。

悩みながらも進んでいく

時折、「里花さんは、どうしてくじけることなく活動を続けられるのですか？」という質問をいただくことがあります。

私は、キリマンジャロで衝撃的な体験をしてしまったがために、ある意味、「やらざるを得ない立場」になってしまったとも言えます。むしろ、それを自分の使命だと思い込んで（今でも思い込んでいますが、この思い込みも大事です）、誰に言われたわけでもなく自ら活動を始め、今に至ります。

でも、そんな私ですら、やはり悩む時は何度もありました。

エシカル協会を立ち上げるまでの約10年間、私は自分なりに、フェアトレードやエシカル消費の普及をやってきました。同時に、フェアトレード・コンシェルジュ講座を主宰しながら、同じ志を持つ仲間たちを見つけ、楽しく活動を続けていました。

でも時々、このままいくと内輪の盛り上がりや自己満足で終わるのではないかと、不安に襲われることもありました。エシカルという言葉はほとんど知られておらず、SDGsもまだ採択されていない時代です。

関心を持つ企業も少なく、フェアトレードの話をしても「それって利益になる話なの？」「社会貢献につながるのはわかるけど、一部の人しか共感しないんじゃないの？」「フェアトレードねえ、魅力的な製品がまったくないよねえ」という声が返ってきました。

中には、「そんな活動やっていないで、フリーアナウンサーをやっていた方が将来のためにいいんじゃないの？」という意見もありました。

フェアトレードがどれほど素晴らしいものかを熱く語っても、結局、気持ちが届かず空回り。日本で活動が広がっていく可能性をあまり感じられず、どうしたらいいものか悩んでいました。

なぜ多くの人に理解されないんだろう。将来的に可能性がないのであれば、本格的な活動ではなく、当時続けていたフリーアナウンサーの仕事を優先して自分の趣味程度でやっていけばいいのではないか……と思うこともありました。

その一方で、「ライフワークを見つけた」と言って始めたのに、いつものように三日坊主で終わるようなことになったら（それまでの私は受け身の人生を送ってきました。また、自分で決めたことに信念を持って続けていく性格ではありませんでした）

恥ずかしいと思う自分もいました。

「問題の一部」になるか、「変化の一部」になるか

信念がぐらぐらと揺れ動く時期に、パタゴニアの創設者、イヴォン・シュイナードさんとの出会いがあり、ゆっくりお話しさせていただく機会がありました。

私は、ここぞとばかりに、イヴォンさんに悩みを打ち明けました。

「私は、このまま活動を続けていくべきでしょうか？」

すると、イヴォンさんはこう言ってくれました。

「何もしなければ、あなたは問題の一部になったことになる。でも、何かすれば、あなたは問題を解決する動きの一部となる。人（の価値）は、何を言うかではなく、何をするかで決まるのだ」

この言葉を聞いて、視界がパッと開けました。そして、思いました。

私は、問題の一部にはなりたくない、と。

その時、「だったら、何があっても活動を続けていくしかない」と心に決めたのです。

この活動は、結果的には、社会や地球環境のためになるかもしれません。

でも、私が活動を続けようと思った理由は、そこではありませんでした。

私は、自分自身のために活動をやりたいとはじめて思ったのです。問題の一部になっている自分がいやだったからです。


どのように進んでいけばよいか迷う時も、生きる中で「私はこうなりたくない」「この考えは嫌いだ」と思うことが何かしらあるはずです。

そういうことがひとつでもあるのなら、なぜそう思うのか、また、そのことに対して何ができるのか、考えてみることから始めるのはどうでしょうか。

きっとそうすることで、何かしら自分なりの信念を支える基準が浮かび上がる気がします。

どうでしょう。気負わずに進んでいけそうでしょうか。


私が社会人になった時に、父がこの言葉を贈ってくれました。

「自分が持っているお金の1%を社会のために使う。
自分が持っている時間の1%を社会のために使う。
もし両方とも持っていなければ、自分の心の1%を社会のために使う」

私はこの言葉を今も大切にしています。たった1%であっても、実践するのは簡単ではないかもしれません。でもその中からかならず見えてくるものがある。そう思っています。

4章

エンゲージド・エシカルでいこう！

エシカルとは、「この地球でどう生きていくか」を問うこと

キリマンジャロで衝撃的な体験をしてから、約17年間活動をやってきた今、改めてエシカルとは何かについて考えさせられています。

私なりに考えるエシカルとは、私たちが生かしてもらっているこの地球の未来や、暮らしを営む上で関わりがある社会を、公平で公正なものにするために何ができるのか。それを自分たちで考えていこうという話です。

その意味で、エシカルに生きるとは「人間として、この地球上でどう生きていくのか」を自分自身に問い、行動することと言えるかもしれません。

長年エシカルな動きを牽引なさってきた東京都公立大学法人理事長で東京大学名誉教授の山本良一先生は、エシカルとは「第二次精神革命」だと語っておられます。

仰々しい言葉が出てきたと感じるかもしれませんが、それほどダイナミックな変化を起こさなければ、エシカルな世界は実現しないのです。

山本先生は人類史をこう振り返っていらっしゃいます。

そもそも歴史をさかのぼると、過去1万年ほどの間に、人類には、革命と呼ばれるいくつかの大きな変化があったというのです。

まず、農耕が始まって都市が発生し、支配階級が生まれました。これを都市革命と言います。貧富の差や社会の矛盾が生じたことで、さまざまな思想家が登場し、世界の三大宗教が誕生しました。これが「第一次精神革命」だそうです。

その後、産業革命によって科学や工業が飛躍的に発展。その結果、現在、文明は地球という生命体の限界に達しています。山本先生は、次のようにおっしゃいます。


「こうなっては今の文明を永続させることは難しい。文明と、地球生命圏とが、互いを巻き込んで崩壊する、そんな危険すらあります。そこで必要になってきたのが第二の精神革命。これがエシカルの動きだと私は考えています」

（エコプロダクツ2015コラムより）


つまりエシカルとは、地球という豊かな生命圏と、私たちの文明を同時に守っていくために必要な精神性ではないでしょうか。

その意味では、エシカルの動きは革命であると、今私は考えています。

社会と関わり、変化を促すエンゲージド・エシカル

「海外の若者のようにデモをしたり、プラカードを持って訴えたりしなきゃいけないの？」と身構えたかもしれません。

それもひとつのアクションですが、ここでお話ししたいのは別のことです。

日常の中から、少しずつ行動を起こしていくのです。

これまでの消費や暮らしのあり方を変えていくエシカルから一歩進み、勇気を出して社会との関わりを持ち、変化を促す行動です。

これを、エンゲージド・エシカルと名づけました。私がこの本でご提案したい新しいエシカルの考え方です。

英語のengagement（エンゲージメント）は、約束や契約、婚約や雇用など、状況

によってさまざまな意味で使われます。基本的に「深い関わり合いや関係性」を指しますが、私はとても大切な考え方だと思います。

エンゲージド・エシカルとは、より深く社会と関わる「行動するエシカル」や「社会参画するエシカル」と言えます。


ここで言う「行動」とは、社会との関わり合いの中で実践する一歩踏み込んだアクションのことです。

今まで私は、「できることから」「やれることから」、エシカルな暮らしを始めようとお伝えしてきました。エシカルな変化は、決して無理をして起こすものではないと思ってきたからです。

しかし、たとえばあなたが地球のために何ができるのかを考えて、少しずつ実践していったとします。すると、社会や暮らしの周りには、その「妨げ」になるしくみが存在していると感じ始めるはずです。

ゴミを減らしたいと思っても、いつも行くお店やスーパーで買うものの多くはプラスチックのパックに入っているので、容器なしで買う選択肢がありません。ですから、いくらプラスチックゴミを減らしたくても、簡単にはできないことがわかります。

また、エシカルな商品が欲しいと思っても、普通のスーパーやコンビニには、なかなか置いてありません。自然や人権に配慮した暮らしを実践したいと思えば思うほど、日常のあらゆる場面でこんな例を痛感するでしょう。なぜなら、社会のシステムそのものが確立していないからです。

こうした「もやもや」は、私たち生活者が解決したくてもなかなかできません。

ただしそのことは、私たちが「声をあげる権利」を持たない理由にはなりません。むしろ、だからこそ、理想の世界や社会の実現を求めて声をあげる必要があるのです。

「脱成長」とエンゲージド・エシカル

ここで、現在私たちが置かれている社会状況を見てみましょう。

今は、20世紀型の古い価値観と21世紀型の新しい価値観のふたつが、おしくらまんじゅうをしている最中です。

20世紀型の価値観とは、人間至上主義的な資本主義。つまり、人間がすべての生き物の頂点に君臨し、地球の資源を貪りながら自分たちの利益のために、経済活動を行う社会です。

21世紀型の価値観とは、スウェーデンの環境活動家、グレタ・トゥーンベリさんを代表とするようなZ世代が求めているように、今までの問題を引き起こしてきた経済優先の世界から脱して、地球と共に生きるまったく別の新たな社会をつくり上げようというものです。


そこで今、注目されているのが「脱成長」の考え方です。

脱成長とは、「今だけ、金だけ、自分だけ」という資本主義を捨てることです。

「脱成長」の必要性を説いた『人新世の「資本論」』（集英社）の著者でもある前述の斎藤さんは、脱成長を目指して社会のシステムを変える道は人々の常識を覆していくことだと、おっしゃっています。

常識を覆すなんて、無理ではないかと思うかもしれません。

しかし、「常識」は時代によって変わります。

たとえば、50～60年前に比べると女性の就業率は大幅に伸び、１９８６年に男女雇用機会均等法の施行もあって、今や女性が働くのは何ら特別なことではなくなりました。また、禁煙に対する意識や取り組みは、ほんの数十年前にはなかったことですし、まだ徹底する必要があるとはいえ、ゴミの分別も昭和の頃と比べたら大違いです。「システムが変わらないなら無理」とあきらめるのではなく、私たちが失敗を恐れず社会と関わりを持ちながら動くことで、いつしか今まで抱えていた100の問題が90になるかもしれません。

そして、その積み重ねは、遂には社会のシステムそのものを変えることになる可能性があります。

しかも、エンゲージド・エシカルは、誰もが暮らしの中から、等身大で少しずつ進めていけるアクションです。準備に何日もかけたり、難しい理論やスキルを勉強したりする必要はありません。

ひとりひとりの力は小さくても、大きな変化を起こせるムーブメントになります。さらに、行動すればするほど楽しくなり、もう一歩挑戦したいという積極的な気持ちが湧いてきます。

もちろん行動していけば、迷ったり悩んだりすることも出てくるでしょう。

しかし、そこにはかならず気づきや学びがあります。また行動した分だけ確実に、自分自身にも社会にも、何らかの変化が生まれていきます。それが、エンゲージド・エシカルの素晴らしいところです。

ポジティブな声を武器にする

では実際に、どんなことができるでしょうか。

まず、私たちが持っている重要な武器を使いましょう。

その武器とは、あなたの声です。おおぜいの声が集まれば、社会を変える力になります。人や自然、生き物たちを傷つけない、より公正な社会に。

そうすれば、自分自身が問題に加担しないで済む確率が上がるはずです。

何より、声をあげることは、ひとりでもできます。お金がなくても大丈夫です。年齢も地位も関係ありません。そして、すぐにできます。

私はよく「エシカル消費は問題解決のための有効な意思表明だ」と言っていますが、声を届けることも大切な意思表明のひとつです。

では、どこへ、どんな声を届ければよいでしょうか。

これはとても大事なポイントですが、届けるべきは、クレームや批判ではありません。

新しい社会をつくるために効果が高いのは「ポジティブな声」。建設的な意見です。そしてその意見は、身近なところから伝えていきましょう。あなたがよく行くお店やスーパーに、要望や提案してみるのです。お店やサービスの利用者から届くこれらの声は、もっとも有効で、強力な意思表明になります。私自身、今もよく声を届けています。

でも最初は勇気が必要でしたし、失敗もたくさんしました。しかし、失敗にはかならず学びがあります。例をひとつお話ししましょう。

エシカルの普及活動を始めたばかりの頃のことです。あるお店で「このチョコレートがどんな背景で作られているか、教えていただけますか？」と、店員さんに尋ねたことがあるのです。

今思うと、ただでさえ忙しいのに申し訳ないことをしました。その方も、「何を言っているのだろう」と憮然とした表情をされましたが、当然のことです。見当違いの質問をしてしまったと反省しています。

まず、働く方の邪魔にならないよう配慮するのが大前提。その上で、レストランやスーパーなどの店員さんに質問したり要望を伝えたりする。これは、私たちがすぐできることのひとつです。


成功例も紹介しておきましょう。

あるレストランで、プラスチックのストローが出てきたことがあります。

そこで私は「もしストローがプラスチックでなければ、私はなおさらこのレストランが好きになります。きっと同じように思っているお客様も他にいるはずです。ぜひご検討いただけませんか？」と従業員の方に話しかけました。

すると、どうでしょう。次に同じレストランを訪れた時、なんとストローがステンレスに変わっていたのです。たまたまその時も前回話した方が接客してくださり、「お客様に言っていただいてから、スタッフみんなで話して決めました。よいアドバイスをいただきありがとうございます」と言ってくれました。

恥ずかしがらずに声を届けて、よかったと思いました。

なぜこのように聞き入れてもらえたのか、私なりに考えてみました。

それは、もしかしたら「変えてくれたら、もっとファンになる」というポジティブな伝え方をしたからかもしれません。だから相手に拒絶されることなく、うまく伝わったのではないでしょうか。

このように、私たちがポジティブな声を届けることで、お店や企業が変わる後押しができるのです。

買い物は、貴重なコミュニケーションの場

もうひとつ、最近嬉しかった出来事があります。

ふだん私は、創業者を知っていたり情報開示したりしている、〝素性〟がわかっているブランドでしか洋服を買いません。その方が失敗もなく、安心して商品を購入することができるからです。

たまにリサーチのためにも新たなお店にチャレンジすることもあります。その際にはかならず、時間がある日を選びます。店員さんとゆっくり話をしながら購入したいからです。

先日も、あるセレクトショップがエシカルな価値観にシフトし始めたと経営陣の方たちから伺ったので、時間に余裕をもって立ち寄ってみました。

とても素敵なワンピースがあったので、「私は、環境や生産者に配慮した洋服を身につけたいのですが、このワンピースはどうでしょうか？　そういった洋服があればぜひ教えてくださいますか？」と店員に聞きました。

するとその方は、「よくわかります。最近そうおっしゃるお客様も増えています。私たちもそういった価値観を大切にしていきたいと思っています」と言ってくれました。

そして、私が気に入ったワンピースは環境に配慮したものではなかったので、新たに、環境や生産者に配慮した洋服をいくつか選んで持ってきてくれたのです。

洋服や雑貨屋さんでショップの店員さんと話すのは億劫だなと感じる人もいるかもしれませんが、思い切って話してみると、世界がひらけてくるものです。

この時も、私が知らないエシカルなブランドに出会うことができました。店員さんも、きっと自分のショップに誇りを感じてくれたはずです。

私たちが内側に持っているこんな〝声〟こそ、社会を変えていく武器になります。

もちろん、時には、私のように失敗することもあるかもしれません。

しかし買い物は、貴重なコミュニケーションの機会であり、社会を変えるチャンスです。最初は一言二言でもいいので、ポジティブな声を届けつつ、コミュニケーションをとってみてはどうでしょうか。

企業にメッセージを発信しよう

直接話すのが苦手な方は、スーパーなどに置いてある「お客様の声」を伝える紙に記入をするのはどうでしょう。企業のカスタマーセンターに、電話かメールで直接声を届けることもおすすめします。

面倒に感じるかもしれませんが、ほんの5分か10分あればできることです。すぐメールを送れるように、自分なりのフォーマットを作っておくのもいいかもしれません（メッセージの記入例は268ページをご覧ください）。

これも私が体験した嬉しい例です。

定期的に通販で買う日用品で、毎回プラスチックと紙と段ボールの梱包が厳重すぎて、最終的にたくさんのゴミが出るものがありました。

そこで私は、その会社にメールしました。

「できればゴミを増やしたくないですし、環境にも配慮したいので、梱包材を減らしていただけないでしょうか？　製品を包んであるプラスチックの袋は必要ありません」

先方からは、「貴重な意見をありがとうございます。会社全体に共有して対応を考えます。私たちとしても、ゴミはなるべく減らしたいと思っています」と返信がありました。その後、再び必要なものを購入するために利用したところ、なんとプラスチック包装がなくなっていたのです。もしかしたら私以外にも同じような意見を伝えた人がいたのかもしれません。

企業に、このような真摯な対応をしてもらえると、ほんとうに嬉しいものです。

私たちのポジティブな声は、現状を変えていく力があることを改めて知った瞬間でした。


環境問題だけでなく、人権や動物福祉など、あらゆる分野でエシカルな社会へ進んでいくためにメッセージを届けることができます。

エシカル・コンシェルジュ講座の受講生たちが、受講後に起こした行動の第1位は、スーパーに対して「平飼い卵か放牧卵を置いてほしい」と意見を伝えることです。

この行動には確実に結果が伴っており、置いてもらえるようになったという報告をいくつも受けています。私自身も何度か実践して成功しています。

実は、2015年以降、放牧卵や平飼い卵を置くスーパーが増えています。アニマルライツセンターの調査結果によると、放牧または平飼いの卵を置くスーパーの割合は、2015年の22％から、2019年の51％に増加しているそうです。

同センターによると、養鶏場側でも、できれば動物福祉に配慮した飼育法に変えたいという希望があるものの、コストに見合った売上が確保できるか不明なこともあり、移行は難しいと考えているのではないかとのことでした。

つまり、私たち生活者が放牧卵や平飼い卵を望んでいるとわかり、需要が見込めれば、生産者は設備投資に踏み切れる可能性があるわけです。やはり、買い手の力は大きいのです。

企業が配慮すべき「人権リスク」とは

企業の変化を促すアクションのひとつとして、海外では、問題のある製品を買い手がボイコットすることがよくあります。それだけで課題がすべて解決するわけではありませんが、一定の意思表示にはなっています。

ボイコットが大きなインパクトを与えたケースをご紹介しましょう。

1997年、アメリカの有名なアパレルメーカーで、インドネシアやベトナムの委託工場での児童労働が発覚しました。それだけなく、低賃金での強制労働や性的暴行なども発覚。すぐに不買運動が起こり、その企業の売り上げは低下しました。


このように、企業は事業を通して、意識的かどうかにかかわらず、従業員や地域住民の人権を侵害してしまう危険性があります。これを、「人権リスク」と呼びます。

現在、欧米を中心に人権意識が高まり、企業が置かれている立場は、以前とまったく違います。児童労働や強制労働など人権を軽視した実態が発覚すれば、世論や民間団体から厳しく批判され、企業イメージを大きく損ないます。今や経営トップたちは、常にサプライチェーン上での人権リスクに目を光らせていかなくてはいけない世の中になりました。

またESG投資（環境保護や社会課題への取り組みを重視した投資）が拡大し、人権リスクが高いとみなされる企業からは、投資家たちが投資を引き揚げる動きも出始めています。人権意識が希薄といわれる日本の企業にとっても、経営を揺るがしかねない人権リスクへの取り組みは差し迫った課題です。

逆に言えば、世論や買い手の「目」がしっかり機能することで、企業が人権や環境に配慮した取引に移行していくよう後押しできるのです。これも、私たち生活者が持つ力のひとつです。

私たちの声を受けてどのような対応をするかで、その企業の姿勢がわかります。いい企業とは、万が一、人権侵害や環境破壊の事実が発覚した時には、すぐ実態を調べ、どのように改善するかを示せる企業ですが、もうひとつ大事な目安があります。それは、買い手である私たちと正直に向き合う企業かどうかです。

自分たちにできていることと、できていないことの両方をきちんと公表する企業。そして、企業としての目標と努力姿勢を具体的に示せる企業。私は、そのような企業を応援したいと思っています。

学生たちが興した「エシカル就活」

「企業に自分たちなりのインパクトを与えたい」「エシカルを基準に仕事を選びたい」

と、若者たちも動き始めました。

今、就活生の間で「エシカル就活」の動きが活発になっているのです。

「エシカル就活」とは、学生が企業のエシカルな姿勢を基準にして就職活動をすることです。学生は、その企業が本気で、人や社会、地球環境に配慮しているかをしっかり見きわめます。つまり企業側としては、サステナブルな経営をしていかなければ、生活者だけではなく、学生からも選ばれない時代になってきているのです。

「エシカル就活」のサイトを立ち上げた学生たちは、こう言います。

「企業選びこそ、学生が社会に働きかけられる一番の力です」

また、その背景には、変化する社会の中で「生き残る会社」を求める学生らの思いもあります。

優秀な人材を集めるのが企業存続の鍵であることは、言うまでもありません。

つまり、今や10年、20年後に生き残れるかどうかは、企業がいかに本業を通して、サステナビリティやエシカルに取り組むかどうかにかかっているといっても過言ではないでしょう。

自分が属する組織であなたにできること

このような流れを受けて、企業も変わりつつあります。

会社で講演すると、かならずと言っていいほど「私たちに何ができるのかを教えてください」と聞かれます。もちろん企業の役割は重要なので、本業で何ができるのかをまずお伝えします。しかし私は、いつもこう言い添えます。

「企業としての取り組みがもっとも大事ですが、まずは、皆さんが一個人として暮らしの中で何ができるのかを考え、実践していくことが大切です。なぜなら、エシカルとは、私たちがこの地球上でどのように暮らし、生きていくのかという話だからです」

これは、利益を追求する企業に限った話ではありません。どんな職場であっても同じです。

組織は、個人の集まりでできています。ですから、そこに属するひとりひとりがエシカルな暮らしを実践しているか否かが、エシカルな組織を築けるかどうかを大きく左右するはずです。

つまり、「働く自分」と「生活する自分」に一貫性を持つことが重要です。ひとりでも多くの人が、この一貫性を持つことができれば、世の中はもっとスピードを持っていい方向に変わっていくはずです。

組織が変わるには、ひとりひとりが変わる必要があり、人が変われば組織は変わるのです。

では何ができるのか。お話ししたように、本業をエシカルな方向に変えていくのは大前提ですが、同じように大切なのが、職場環境を変えることです。

ゴミの分別を徹底する。使用する紙を減らす。オフィスのエネルギーを再生可能エネルギーにする。お茶やコーヒーをフェアトレード品にする。社員食堂での食品ロスをなくすしくみを考える……。日本中の職場でこのような取り組みが始まれば、大きな変化につながります。

一般社団法人アース・カンパニーが作成したサイト「Operation Green（オペレーショングリーン）」にわかりやすい実践指針があるので、ぜひ参考にしてください。

ただし、職場に働きかける時に、自分自身がエシカルな暮らしをしていなければ、何をどう変えていけばいいかわかりません。日頃から自分が実践していれば、いくらでもアイデアは湧いてきます。その意味でも、公私の自分に一貫性を持つことは、とても大事なのです。

政治家に声を届けてみよう

実は最近、私自身が刺激を受けてあなたに提案したいアクションがあります。

ここ1~2年、エシカルな活動を続ける海外の仲間たちと議論する際に、かならず耳にする意見があるのです。「どうすれば、より効果的に社会を変えていく力になれるのか」という話題になった時、いつもメンバーの中から出てくる言葉です。

「政治家に声を届ける」
「自分が支持する環境政策を掲げている政治家を選ぶ」

ある人は、選挙の際にすべての立候補者の環境政策を徹底的に調べたそうです。そして、一番自分がよいと思う人に投票をしたとのこと。たしかに、自分たちが望む環境政策を実施してくれる政治家を選べれば、変化を起こすためにかなり有効です。

しかし日本では、環境政策をきちんと掲げている立候補者はあまりいませんし、掲げていたとしても優先順位が一番低かったりするのが現状です。

また、私たちには、政治の話を気軽にする習慣が海外ほどありません。市民と政治家の間になぜか大きな溝があることも感じます。

選挙の時にしか現れない人たち。ふだんは接触する機会のない人たち。議員に対してこんな印象を持っている方も少なくないかもしれません。ですから、自分で政策を調べたり、政治家とコンタクトをとったりするなんて、かなり勇気や積極性がいるというのもわかります。あなたも正直なところ、政治の話はちょっと苦手だなと思っているのではないでしょうか。

しかし、政治にたずさわる人たちも、私たちと同じ生活者です。そして、それぞれの政治信条に従って自分の力を役立てたいと活動しています。

私は、活動の中で議員の方たちと意見交換する機会も多いのですが、彼らが日々、社会や地域のために動いている様子を見る機会によく接します。もっと彼らの活動に関心を持って関わっていけば、地域のため、環境のために、共にできることを考えていけるのではないかと思っています。

議員に対してすぐできるアクション

先日、エシカル協会では、当時衆議院議員であった堀越けいにんさんとアニマルライツセンターの岡田さんをお招きして、政治家との関わり方について話を伺いました。そこで、「私たちがすぐにできること」として次のふたつを教えていただきました。

・地元の議員たちに具体的な質問アンケートを送り、きちんと回答してくれる議員の中から自分が応援する議員を見きわめる。
・議員に直接会いに行き、意見を伝える。議員側としても、市民の方から訪ねてきて未知の社会課題を教えてもらうとインパクトがあり、心に残る。

議員とのつながりがなくても、今は、ホームページやSNSからコンタクトできます。私もふだん、政治家や議員と接する機会があれば、エシカル消費についてどう考えているのかを聞いたり、気候変動や人権、動物福祉などさまざまな側面から情報や意見を伝えています。そうすることで、少しでも心に留め、気にかけてもらいたいからです。

堀越さんによれば、気候変動やエシカル消費、動物福祉などのテーマを政策として掲げる議員が当選する世の中をつくる鍵は、私たち市民が握っているとのこと。「政治は生活をつくっている」とおっしゃったことが印象に残っています。

おふたりがもっとも強調されたのが次の点です。

「市民の力で政治家を育てていこう」

「自分たちで政治家を育てられるの？」というのが率直な感想かもしれません。

しかし、市民のために責任を持ち、実質的に動いてくれる議員を育てていくこと。

特に今後は、若い議員をそれぞれの地域で育てていくこと。

このふたつはとても重要だそうです。

長期的な目線で政治家と関わるのは時間も労力もかかり、難易度が高いとは思います。しかし、地元の人たちやNPO、NGOなどの方たちと力を合わせれば、できることなのかもしれません。

私自身も今まで、地元の「政治家を育てていく」という視点で動いたことがなかったので、一歩踏み出したいと心に決めました。

市民の声で議員が動き、行政が動いた

もう少し、政治の話を続けましょう。

今のところ、エシカル消費というテーマは、政局とは直接関係がありません。ですから、ストレートな動きにつながらないもどかしさもあるのですが、よい面もあります。政党にこだわらず、心を動かす政治家の方がいるのです。そういった方たちは、大きな政策や条例ではないけれど、小さな変化を着実に起こしてくれています。

最近、動物福祉の分野でそんな例がありました。

2020年5月、民間団体や市民が集まり、議員へ働きかけたことによって、一度は農林水産省から通達された省令改正案が撤回されたのです。

それは、豚熱（豚コレラ）などの感染症の発生を防ぐために出された改正案で、指定された地域での放牧飼育を一切廃止するというものでした。そうなると、放牧されていた豚も、狭い豚舎でなければ飼えないことになります。

これは、動物福祉の観点からも、感染を防ぐ方法としても検討の余地がありました。というのも、豚舎に閉じ込めれば感染症を防げるという根拠はなく、運動し太陽の光を浴びて免疫を高め、密を避けられる放牧のよさをなくしてしまうことを意味していたのです。

そこで、アニマルライツセンターをはじめとする民間団体や市民が、前述の堀越さんたちに呼びかけ、農林水産省に声を届けました。署名活動も行われた結果、運動は短期間で大きなうねりとなり、改正案は撤回されたのです。

この一件は、私たち市民が、法律や制度の改正にすら関われるということを示しています。

議員に直接コンタクトをとる勇気やきっかけがなければ、先ほどお話ししたように、自分が関心のあるテーマについて取り組んでいる民間団体と活動するのも「できること」のひとつです。

すると仲間と共に、政治や自治体へのアプローチができ、ひとりで活動するより何倍も心強いはずです。

正直なところ、「まだそこまで勉強していないし……」「気軽にはできないな」と感じているかもしれません。そうであったとしても、自分にしっくりくるスタイルや範囲でエシカルな未来へ向けて声を発していくことを、視野に入れていただければ嬉しいです。

選挙は、私たちの声を届ける大切な機会

言うまでもありませんが、私たちの声を政治の場に届ける絶好の機会が、選挙です。しかし、これも周知の事実ですが、今「政治離れ」が進んでいます。

特に、若者たちには、政治や政治家たちは遠い存在でしょう。令和元年に行われた参院選の投票率を見れば、それは明らかです。

10歳代の投票率は32・28％、20歳代が30・96％、30歳代が38・78％。

一方、60歳代は63・58％。年代別のトップです。

60代の投票率は、10〜30代の倍近くあります。

ここで少し考えてみていただきたいのですが、もしあなたが立候補した政治家の立場だったらどうでしょう？

自分が当選するためには、もっとも多く投票に来てくれる60歳代に向けたアピールをするのではないでしょうか。つまり、若者たちの視点を盛り込んだ政策ではなく、高齢者が喜んでくれる政策を全面に打ち出すのではないでしょうか。

もちろん、社会を支えてきた高齢者のケアは大事です。しかし、未来を担う若者や、何よりも彼らが生きる地球環境をよりよくすることが、おろそかになっていいわけではありません。

若い人たちも他の年代の人たちも、声が届くように投票に行くべきです。投票にも行かず、不満や不平だけ言っていても始まりません。

これも一歩踏み込み、変化を起こしていく重要なアクションです。

自治体と連携して大きなうねりを起こす

自治体への働きかけも、もちろん重要です。最近では、住民や市民団体と連携し、画期的な活動や施策を実施する自治体も増えてきました。

市民が政治家や自治体と対話ができるような機会を作っている都市があります。北海道札幌市では、２０２０年「気候市民会議さっぽろ２０２０」を全国ではじめて開催しました。「脱炭素社会」の実現に向けて、無作為で選ばれた一般市民20人がオンラインで計4回議論し、その結果を政策に生かすというものです。

すでにこのような気候市民会議はバルセロナやパリなどをはじめ、欧州諸国で始まっており、市民にひらかれた政治が求められています。日本でも他の都市に広がっていくことを期待しています。

また、今全国に「気候非常事態宣言」を出す都市や大学が増えています。

これは、自治体や大学などが気候の非常事態を宣言して、市民や学生にさまざまな呼びかけや働きかけを進めるものです。

世界ではすでに30の国家と１７００を超える自治体（２０２０年現在）で宣言が出

されていますが、日本でも、2019年に一番に名乗りを上げた長崎県壱岐市に続いて、約100もの自治体が宣言を出し、今も続々と増え続けています。

この宣言が出されると、市民の意識改革やカーボンニュートラルの推進、エシカル消費の拡大などにつながります。自分たちの暮らす地域を変えていくために、自治体との連携は大きな力になります。私たちの側から気候非常事態宣言を出すよう働きかけていくのも大切な一歩となるでしょう。

ふたつの車輪をバランスよく回しながら進む

今、世界各国で「誰ひとり取り残さない」を合言葉に、SDGsを達成するためにアクションを起こそうと叫ばれています。この本でも、変化を起こそうとお話ししてきました。

しかし現実を見てみると、「取り残されている人たち」がたくさんいます。懸命に生きているにもかかわらず、社会のしくみからこぼれ落ちてしまった人たち。

あるいは、本人には何の落ち度もないのに、資本主義社会のひずみによって、犠牲を強いられている人たちです。もちろん、そんな人たちに向けて、「エシカルを意識して、変化の担い手になりましょう！」とは絶対に言えません。

はっきりと言えるのは、責任は、「力を持っている人たち」にあるということです。社会を動かしていく権力やお金を持っている人たちは、おそらく社会や地球からたくさんの恩恵を受けてきたと思います。同時に、社会や地球に与える彼らのふるまいが与える影響も大きいはずです。

世界の格差を見ても、お金持ちと貧困で苦しむ人たちの差があまりにも大きく、いびつな構造を作り出しています（世界の超富裕層1％の資産は、残り99％の資産より多い。トップ26人の資産は、経済的貧困層と言われる世界人口の半数の約38億人の総資産額とほぼ同じであるという国際ＮＧＯオックスファムの報告があります）。

そうであれば、やはり責任があるのは、いびつな構造の頂点にいる超富裕層と呼ばれる人たちと言えるでしょう。

しかし、「力を持つ人」は彼らだけではありません。

先進国で平均的な生活を営む私たちも含まれています。権力もお金もありませんが、先進国である日本に暮らす私も恩恵を受けてきています。今の日本に住む私たちの暮らしは、遠い国の誰かや、地球環境や生き物たちの犠牲の上に成り立っているのですから。

この章では、富や権力を持つ人たちを動かしてシステムを変えるには、今まで話してきたような企業や政治に向けてアクションを起こすことも必要だと学んできました。ただし基本に戻れば、これまで述べてきたように大切なのは日々の暮らしです。

私たちは、毎日の暮らしや選択で自分の力を発揮していけます。今すぐできる身近なところから社会を変えていけます。暮らしの中の行動と社会を変える行動、その両輪をバランスよく回しながら進む。

これが、エンゲージド・エシカルのスタイルです。

エシカルな心を築く教育

変化を起こしながらエシカルな未来へ進むために、ここで教育について考えてみたいと思います。

エシカル協会として活動してきた6年間で確信したのは、エシカルな心を築いて社会を変えていく変化の担い手が必要だということです。そして、そんな存在を育むためには、教育が一番重要な分野だということでした。成果が出るには時間はかかりますが、教育は、もっとも確実な方法です。これもまた、活動の中で学んできました。なぜ教育が大切なのでしょうか。今起きているすべての問題は、人間が引き起こしてきたことで、それらを解決するために設定された目標を達成するのも、また人間だからです。

同時に、社会のシステムや法律、制度、しくみを作っているのも人間です。つまり、世界が抱える課題を解決するために、人間の「心」を築いていく教育が鍵を握っているということになります。

私は2018年から、日本ユネスコ国内委員会広報大使を務めていますが、任命された時にはじめて、きちんと「ユネスコ憲章」を読み、勉強をしました。

ユネスコ憲章の前文には、次のような文章が書かれています。

「戦争は人の心の中で生まれるものであるから、人の心の中に平和のとりでを築かなければならない」

この言葉に出会い、今世界で抱えている問題の多くは、私たちの心のあり方とその心に後押しされる行動次第で、解決に導けるのだと勇気をもらいました。まさにこの考えは、私たちひとりひとりが心の中にエシカルな軸を持つことと同じことを言っているのではないかと思いました。

社会的な課題に対して人間の行動が変わるまでは、一般的には次のようなプロセスをたどると言われています。

① 社会や環境の課題について認知していない、または無関心である
② 課題を認知している、または関心がある
③ 意識が変容する（実行してみたいと思う）
④ 実行してみる
⑤ 習慣化する

これを見ても、教育の大切さがわかります。

教育は、まずは①の段階の人たちに「知ってもらう」機会にほかなりません。そして「知ること」が行動の変化につながり、ひいては、社会の変化につながります。

ほんとうの環境意識を育てるために

教育というとかたい印象がありますが、学校教育だけが教育ではありません。

広い意味で考えれば、コミュニケーションのあり方も「教育」のひとつです。

では、そのような教育とはどんなものでしょうか。スウェーデンの例をヒントにしましょう。

スウェーデンでは、幼稚園児がかならず受ける、環境についての大切な学びがあるそうです。それは何だと思いますか？

園児たちはみんなで木の板にバナナの皮やりんご、紙、ペットボトルのふた、ガラス、アルミ缶のふたなどを括りつけ、地中に埋めます。しばらく置いてから、その板を取り出す作業を行います。

すると……、板には、そのままの形で残っているものと、腐って変化したり消えたりしているものがある。それを園児たちは目の当たりにします。

いったい何が起きたのだろう？　土の中で、誰が働いてくれていたのだろう？　なくなるものとなくならないものの違いは何だろう？

彼らは、実際に掘りおこした板を見ることによって、「誰か」が土の中で働いてくれていたことを学びます。つまり、土壌微生物の仕事がわかるわけです。

同時に、自分たちが、その仕事ができないようなものを捨てて埋めていることも理解します。抽象的な概念ではなく、具体的な働きを持つ土壌微生物の存在に気づく。こうして幼い頃から自然の循環を学ぶことができるのです。

自然の原理原則や地球の循環、土の中の微生物などについて学ぶこの教育に、私は衝撃を受けました。

これは、共に生きるすべての命の「顔」が見える教育であり、コミュニケーションです。

このようなコミュニケーションがもっと活発になっていけば、自然の捉え方もおのずと変わっていくはずです。そうすれば、環境を破壊して大量のものを作り続け、使い続ける「消し費やす」という意味での「消費者」も減っていくのではないかと思っています。

また、子どもたちの環境意識を育むために大きな役割を果たすはずです。

ほんとうの環境意識とは何でしょう。もちろん、異常気象で災害が頻発し、地球環境が変わりつつあることを気にかけ、行動していく意識を育てることは大事です。

しかし、もっと本質的なことがあるのではないでしょうか。

それは、「春になると花が咲く」という当たり前の自然の摂理、地球の営みをいかに感じられるか……。難しいことかもしれませんが、教育やコミュニケーションの現場で、その触媒になるような「何か」を生み出し、伝えていくこと。これが、エシカルに生きる人を増やすための大きなヒントになるのではと思っています。

さりげなく変化を促すナッジ・コミュニケーション

スウェーデンでは、市民に向けてのコミュニケーションにも目を見張りました。

印象に残ったのは、いたるところでエシカルやサステナブルを体験しながら学べる場があったことです。街中やスーパー、お店だけでなく、公共の施設や交通機関、ホテル、学校などでもです。

また、実にユニークなコミュニケーションの方法も使われていました。

スーパーの冷凍食品棚のドアにはこう書かれていました。

「孫のために早く扉を閉めましょう」

「孫のために」というたった数文字を読んだ瞬間、多くの人の脳裏には孫の顔が浮かぶはずです。若い人も、自分に孫ができたらと想像するでしょう。

自分の行動が誰に届くのか、誰に影響を与えるのかをさりげない言葉で意識させる、とてもユニークで効果的なコミュニケーション方法です。

こうしたコミュニケーションを「ナッジ・コミュニケーション」と呼ぶそうです。ナッジングとは、英語で肘《ひじ》をつつくという意味。「○○しなさい」といった上から目線のコミュニケーションではなく、相手の肘をちょっとつついて合図を送り、押しつけがましくなく関心を持ってもらえる方法として、スウェーデンではよく使われるそうです。

私はこの事例がとても大好きなので、日本のお店にもぜひ取り入れてほしいと思っています。

また、スーパーでは、多くの製品に認証ラベルがついているだけでなく、何のためのラベルかがわかるように、さまざまなところにポスターやチラシが貼られていました。

たとえば、コーヒーの棚に行くと、「バイバイ、貧困」と書かれたフェアトレードを説明するチラシが目に入ります。フェアトレードを知らない消費者は、このチラシを見て、「コーヒーと貧困って関係があるの?」と気になります。

バス停でも面白いコミュニケーションを目にしました。バス乗り場では企業の広告などは見当たりません。その代わり、

「サステナブルに乗ってくれてありがとう」

と書かれています。「あなたも貢献に参加しているんだよ」という市民に向けた参

加型メッセージです。

ホテルでも、さまざまなところでエシカルな取り組みを目にしました。

私が宿泊したのはスウェーデンの大手チェーンホテルでしたが、なんとホテル自体が環境ラベルを取得しており、入り口には大きく目立つように環境ラベルが貼られていました。また部屋には、プラスチック製品やアメニティなどの使い捨てのものは一切置いてありませんでした。

朝食ビュッフェでは、ビーガンのためのコーナーにはこう書いてありました。

「みんなのためのコーナー」

ビーガンは特別ではないということを示すインクルーシブ（さまざまな価値観を含む）なメッセージです。

このようなコミュニケーションも大切な「教育」ですし、大人になってから受ける生涯学習のような教育も大事です。スウェーデンでは、企業の中でも定期的に環境や社会について学ぶ研修が用意されているそうです。このように一生学び続けられるシステムが素晴らしいと思います。

生きることを学ぶための4つの柱

教育は子どもの成長や進学、就職のためだけのものではありません。私たちが生きる上で、一生欠かすことができないものです。

特に、複雑な問題と直面している今、それらの問題を解決しながら乗り越えるためにも、学び続ける姿勢が大事だと感じます。

ユネスコでは、1996年に学びの指針となる「学習の4本柱」を提示しました。「学習の4本柱」は次のとおりです。

1 「知ることを学ぶ (learning to know)」
2 「為すことを学ぶ (learning to do)」
3 「共に生きることを学ぶ (learning to live together)」

4「人間として生きることを学ぶ（learning to be）」

これら4つの柱を知った時、大人も子どももみんなが必要とする学びのプロセスだと感じました。

まずは、問題が何かを「知る」こと。

知った上で何ができるかを考え、「為す」（行動する）こと。

これは、エシカルな活動の実践において基本です。

私が大事だと感じるのは、3本目の「共に生きることを学ぶ」です。

「共に」とは、「他者や自然、他の生き物と共に」ということでしょう。

どのようにしたら、すべての命と平和に共生していくことができるのか。

自分が果たせる役割は何なのか。今も考え続けています。

その中で思うのが、日本には、すべての命と共に生きるために大切にしてきた独自の文化があるということです。「おたがいさま」「おかげさま」といった「共生」の思想であり、災害時に見られたような「助け合い」の文化です。

スウェーデンで会った人たちは口をそろえて、こう言いました。「私たちがもし他の国よりも先を行っているならば、それは『教育』のおかげだと思います」そして、続けました。

「でも、日本は昔から〝もったいない〟という精神を持っていますよね。こうした日本ならではの精神を活かせば、きっと私たちスウェーデンより、もっと先を行くのではないでしょうか」

私たちが先祖から受け継いできたエシカルな精神性を、日本の中だけにとどめておくのは、文字通り「もったいない」ことですから、世界に向けて発信していくことが必要ではないかと考えています。

異なる考えを持つ人たち同士や、理解を超えた他者とでも一緒にならずとも、どう共生していくか。どうすれば、お互いの違いを認め合いながら、さまざまな課題を解決していけるか。これも、エシカルな未来のために大切なテーマでしょう。

日本発のＥＳＤ教育

振り返れば、日本でも、すでにサステナブルな教育の萌芽があります。

あなたは、ＥＳＤという言葉を聞いたことがあるでしょうか？

ＥＳＤ(Education for Sustainable Development) は、「持続可能な開発のための教育」と訳されます。

気候変動や生物多様性の喪失、資源の枯渇、貧困などの課題を自分の問題として捉え、人類が将来にわたって豊かに生きていける社会の実現を目指すための学習活動です。

そのために、「グローバルに考え、ローカルに動く (think globally, act locally)」を合言葉に、問題解決の道を考えていきます。

実は、ＥＳＤの考え方を世界に提唱したのは日本です。

提唱したのは、２００２年。２０１５年にＳＤＧｓが採択されるよりもずっと前に、ＥＳＤの考え方があったのです。この教育は、ＳＤＧｓの17すべての目標の実現に貢献します。私は、ＳＤＧｓを実現するための土台は、ＥＳＤにあると思っています。

ESDのさきがけとしてお手本にしたい実践が、東京にある自由学園で行われています。

自由学園では、カリキュラムの中で「作る喜び」と「手を動かすことの大切さ」を教えています。

以前キャンパスを訪問した折に、とても印象深かったのは、生徒たちが自分が使う椅子や机を自ら作っていることでした。毎日の食事もすべて生徒たちが作っていますが、食材にはキャンパスで育てた野菜なども含まれていました。

自由学園では、衣食住すべてにおいて、このような「作り手」としての視点が持てるような取り組みをしています。

大量生産、大量消費の現代で、「机はどうやって作られるんだろう？」「洋服は？」「毎日の食事の食材は？」と、日々接するものが作られる背景について思いを馳せる経験は、生きていく上でとても大事なことで、生徒たちの自信にもつながります。社会の成り立ちに対して、このようなひとつの見方ができるようになり、自分の心の中のものさしを持つことができるからです。

自由学園とその教育は、学校と社会をつなぐ「えんがわ」のような存在だと思いました（「えんがわ」という表現は、ESDに懸命に取り組んでいらっしゃる新渡戸文化中学・高等学校の山藤旅聞先生から教えていただきました）。

学びを学校の中だけに閉じず、生きることとつなぐことによって、生徒は社会の一員として、よりよい新しい世界をつくっていける自信を育んでいけます。その自信こそ、実践者として行動する礎になっていくでしょう。

違いを認め合える社会とは

自分を変えることなしに、社会の変化は起きません。社会の構造を編み直すことと、ひとりひとりの行動が変わることは切っても切り離せないのです。その変化の過程では、お互いの違いを認め合うことも大切です。

相手との違いを認め合う多様性とは、関係性の中でこそ生かされると私は思っています。

この世の中に同じ人はひとりもいません。ひとりひとりが個性を持っていて、国、宗教、肌の色、性別、自分が大切にするものなども違います。自分と違う人たちとつながることは勇気がいることだと思いますが、みんな違うからこそ、自分以外の人とつながることで、自分にはないものを補ってもらえます。あるいは、自分の得意な分野で相手を補うことで、自分自身もさまざまな場面で限界を超えていけるのだと思います。つまり、両者が関係性を持っているからこそ、お互いの個性を生かし合うことができるのです。

大量生産・大量消費型経済から脱し、ものを大切に循環させていくサーキュラーエコノミーを目指すCircular Initiatives & Partners代表の安居昭博さんはこうおっしゃっていました。

「ひとりひとりがパズルのピースのようなもので、凸凹があるからこそ、他の人と組み合わさることでより強固になっていく。もし私たちが完璧な正方形だったら、隣り合わせにいることはできるけれども、つながっていないので脆弱な関係しか築けない」

私がエシカルな洋服を選んで着ているのも、関係性の中に幸せを見つけることができるからです。

自分が着ている洋服の作り手の顔を知っていると、その洋服がただ単なるものはなくなります。それは自分だけの幸せではなく、相手の笑顔にもつながるものになります。

このようにして、ものを通してお互いを生かし合える関係性を持つことは、相手の個性、つまり多様性を尊重することでもあると私は考えます。

異質な文化で味わった孤立

私自身が多様性を認め合うということについて身をもって感じたのは、アメリカで過ごした中学時代のことです。

父の転勤に伴い、中学1年生でニューヨークの学校に転校したのですが、当時は、英語がまったく話せなかったこともあり、孤立を感じる日々が始まりました。また、アングロサクソン系の白人が多い学校だったので差別を受け、あからさまな敵意にさらされることもありました。

現地の中学は日本と違い、生徒たちが授業ごとに部屋を移動していきます。次の授業の教室がわからず、人に聞いても無視をされます。途方に暮れて、図書館でボーッと過ごすこともありました。

また、私の英語力などお構いなしに、授業で指されることもしばしばあり、恥ずかしい思いをたくさんしました（英語が上達するように訓練してくれていたのだとも思いますが）。

しかし、そんな中で転機が訪れます。

慣れない学校生活で悪戦苦闘する私を見て心配した両親が、英語が話せるようになればと、夏休みのサマーキャンプへと私を送り込んだのです。

それは、誰ひとり知らない遠く離れた場所に、2カ月近く滞在するキャンプでした。最初は、緊張と不安でいっぱいでした。年齢も出身地も、肌の色も違う人たちと共同生活を始めるのは、当時臆病で人見知りだった私にとっては大変なことでしたが、大自然の中で過ごすうちに自然と友達ができ、英語が話せるようになっていきました。

2カ月後、両親が迎えにきてくれた時、なんと私は日本語を話すのが億劫なくらい、英語が上達していたのです。そして、英語ができるようになってからは、中学校でも仲のいい友達ができ、それなりに楽しい時間を過ごすことができました。

違いを受け入れるからこそ生まれる関係性

相手の立場に立ち、意見の違いを受け入れるという多様性のあり方を実感したのは、授業でよく行われていたディベートの時間です。

ある時、歴史の授業で、第二次世界大戦の話になり、アメリカが日本に原爆を落としたことについて議論が行われました。

私はクラスでたったひとりの日本人として肩身が狭く、議論に加わりたくないという恐怖感があったことを覚えています。多くのクラスメイトは、「日本に原爆を落としたのは、戦争を早く終わらせるのにやむを得なかった」、「悪いのは日本だから、仕方なかった」という意見を挙げました。

私は昔から広島と長崎で起きた原爆の恐ろしさを学んでいたので、「戦争においては、どちらか一方が悪いという話はないと思う。でも原爆は恐ろしい。その影響は、まもなく戦後50年となる今でもなお続いている。人間の残酷さを感じた」といった意見を述べました。

すると、私の意見を聞いたあるクラスメイトが、「里花の言うことはよくわかるし、尊重したい。私はアメリカ人で、祖父からは敵国である日本のことを悪く聞いてきた。だから正直言って、今でも原爆を落としたことは戦争を早く終わらせるためにはやむを得なかったのではないかと思うし、人間として二度と使うべきではない。でも、一瞬で大勢の市民を殺した原爆はほんとうに恐ろしいものだと思う」と言ってくれたのです。

自分の意見を主張しながらも相手の意見も尊重しつつ、自分の意見にそっと重ね合わせてくれたその態度に、私はとても救われました。

その後私たちは、なぜ戦争は起きるのか、今後人類が同じ過ちを繰り返さないためにはどうしたらいいのかを話し合い、意見をまとめて共同レポートを先生に提出しました。中学生だったので幼いレポートではありましたが、共に考えて作業をする、というプロセスに意味があったと思います。

このようなプロセスを多くの国や人々の間で繰り返し、お互いを思いやり、理解しようと努力する。関係性を作ることが、ひとつのつらなりを生むのではないでしょうか。

それが、今世界が抱えている問題を解決する流れを作っていくのだと思います。

5章

エシカルにつながりながら生きる知恵

「内なる声」に耳を傾けよう

ここまで、私たちが生きる地球の現在地を照らし、新しい世界をつくっていくための実践のヒントについて見てきました。

これらは、いわば「外向きの矢印」の話。生活者である私たちにとって大切なものさしを育むために必要なプロセスです。

しかしコロナ禍を経て、私はあることに気づきました。自分の外側にばかり視線を向けていたら、ほんとうの意味でのエシカルな未来に進んでいけないということです。

これは、私自身のつまずきから学んだことです。

実は、パンデミックによる生活の変化で、私は大きく体調を崩しました。外向きの矢印に集中するあまり、自分自身が「持続可能」でなくなっていたのです。

コロナ禍が始まった当時、私はこう思っていました。

もっと多くの人たちにエシカルな考え方や暮らし方の大切さを伝えたい！

スピードをもって伝えていかないと、温暖化を止めるのに間に合わない！

エシカルについて知ってもらうだけでなく、行動に移す人を増やしたい！

こんなふうに、「もっともっとがんばらなければ」という気持ちが募り、焦りが膨らんでいたのです。そして、活動に没頭し過ぎた結果、いつの間にか、自分自身をないがしろにしてきたように思います。体調を崩してはじめて、私はそのことに気づきました。

そこで感じたのが、「内向きの矢印」の大切さ。自分の心と向き合い、自分自身を大事にしていくことの重要性です。


エシカルに生きることと、自分自身の内面を見つめること。このふたつは、切っても切り離せない関係にあると、私は今思っています。

ここ数年、エシカルという言葉が浸透し始めた一方で、多くの場合、自分の「外の世界」に対して使われています。たとえば、エシカル消費、エシカルな商品、エシカルな基準というように。

でもそれだけでは、大切なものが抜け落ちてしまいます。何が抜け落ちるのかと言うと、「生きる主体者」としての自分です。

だからこそ、自分自身と向き合うことが必要になるのです。

そのために、私が大切にしたいと思っている問いが、「自分自身をどう扱うか（How you treat yourself)」です。

「扱う」は、英語で treat ですが、「もてなす」という意味も含まれます。

大事な人をもてなすように自分自身も丁寧に扱うこと。同時に、自分と触れ合い、自分自身と向き合うことも treat は意味します。

メディテーションは、心のメディシン（薬）になる

自分の心と向き合い、内向きの矢印を作っていく。これほど難しいことはありません。

でもこの矢印がない限り、外向きの矢印のためにいくらがんばったとしても、空回りしたり、「ほんとうにこれでいいのだろうか」「結局私は幸せなのか」と不安に思ったりするかもしれません。

あるいは、どんなに行動しても満足できず、「もっと、がんばらなければ」とつらくなってくるかもしれません。何より、自分の心と向き合う方法を知らないと、外の世界が大きく変わった時、心と体のバランスを崩してしまう可能性もあります。

実際、私自身がそうでした。心身のバランスを崩した日々の中で、かつて、尊敬するインドの思想家で環境活動家のサティシュ・クマールさんと共に過ごし、自分の心との向き合い方を学んだことを思い出しました。

スペインのマヨルカ島で、仲間と共にサティシュさんを囲んで数日間過ごした時のことです。友人が「仕事が思うように進まずに悩んでいて、なんだか心が落ち着かない」と打ち明けると、彼はこう言いました。

「メディテーション（瞑想）をしてみたらどうか」

じっとしていることが苦手だと自覚している友人が一瞬困惑したような表情を見せると、サティシュさんは、こう続けました。

「何も、坐禅を組んで何十分も静かにしている必要はないよ。メディテーションの語源は、メディタール（meditor）というラテン語で、深くじっくり考えるという意味だ。だから、ほんとうに大切なのは、自分の中にある心象風景（inner landscape）にきちんと耳を傾けることなんだ。

たとえば、シャワーを浴びながら、今週はどんなことがあったかな、大切な人との会話はどうだったかな、ちゃんと食事をとったかな、毎晩きちんと眠れたかな……。そういうことを思い出して、自分の心の状態をよく理解するんだ。

メディテーションとメディシン（薬）は、同じ語源を持つんだよ。昔の人は調子が悪ければメディテーションをして、それでも原因がわからない時に森に入って薬草をとった。だからメディテーションとメディシンは、太陽と月、光と影、エコノミーとエコロジー、そういうものと同じように本来はセットなんだ。

だけど、現代人は頭が痛いとすぐに鎮痛剤を飲んで、なかったことにしようとする。だからバランスを失うんだよ。そういう意味で、メディテーションは現代に生きる私たちにとって大切だと私は考えているんだ」

ふたつの矢印のバランスをとる

実はかくいう私も、じっとしていることが苦手なたちです。常に忙しくしていることで、なんとか自分の〝バランス〟をとってきたつもりでした。頭痛や胃痛がすれば薬を飲み、疲れた時はサプリメントで体を奮い立たせていました。

でもそれは対症療法に過ぎず、ほんとうの解決にはなっていませんでした。そのことをサティシュさんは教えてくれていたのです。

内なる声に耳を傾け、自分自身をいたわってあげないことにはいい仕事もできないと、痛感しました。

サティシュさんの言葉を借りるなら、外向きの矢印は、内向きの矢印とセットなのです。ふたつの矢印の調和をとることが「エシカル」に生きることにつながるのではないかと、私は気づいたのでした。

そこで私は、寝る前に少しずつ〝瞑想〟を始めてみました。

といっても、ベッドに横になってからほんのわずか自分自身を振り返る時間を持っただけです。それだけでも、自分と触れ合う大切な時間になっていました。

ところが、リモートワーク中心で家にこもる日々になってから、寝る前に行ってきた〝瞑想〟の時間をすっかりと手放してしまったのです。

外の世界があまりに変わってしまったので、その状況についていけず、外向きの矢印と内向きの矢印の調和がとれなくなり、心も体も限界にきていたのでしょう。

くるくると変わる外の世界についていこうとするには、順応する時間が必要です。

こうした状況だからこそ、自分の心象をしっかりと見つめることがより大切なのだということも、改めて実感した出来事でした。

生きているだけですごいんだ

今、私は改めて寝る前に〝瞑想〟の時間を持っています。同時に今日無事に過ごせたことに対して感謝をする〝祈り〟の時間も作っています。

正直に言うと、疲れている時は、知らない間に寝てしまっていることもありますが、それでも、ほんのわずかでも今日の自分を振り返り、今日という日にありがとうを言うと、つらい日があったとしても気持ちが落ち着き、翌日を新しい1日として迎え入れることができています。
今の世の中では、1日を無事に終えるのだってすごいことなのです。よくがんばったと、自分をいたわってみるのはどうでしょう。
私は不調な時、自分の身体の痛いところや調子が悪いところを意識して、「いつもがんばってくれてありがとう」とさすります。そう声をかけることで、細胞が元気に生まれ変わってくれるような気がするのです。

それでも、いまだ競争社会であり、「自己責任」が問われる現代では、「もっとがんばらなければいけないのではないか」「自分には何かが足りないのではないか」と焦りが生まれる日もあるでしょう。
しかし、川崎市で子どもたちの居場所を作る活動を続けてきた認定NPO法人フリースペースたまりば理事長の西野博之先生は、こうおっしゃっています。

「生きているだけですごいんだ!」

西野先生はこれまでのご活動で、満足に食べられずいつもお腹を空かせている子、家に炊飯器や布団がない子など、困難な状況にある子どもたちをたくさんサポートしてこられました。そんな中で生き抜いている多くの子どもたちを見てきた先生の言葉です。

この言葉にどれだけ勇気づけられることでしょうか！

心の調和をはかる4つの知恵

「エシカルに興味があって手にとった本なのに、瞑想の話になるなんて」
「瞑想なんて難しそうだし、やりたくても時間がない」

そう思っている方も、いるかもしれません。しかし、心のバランスを整えるために、瞑想は大きな力になりました。

私にとってエシカルに生きるとは、心も体もすこやかであり、自分とも周囲とも調和しながら日々の暮らしをいとなむことです。そのために、瞑想を通して自分自身と向き合うひとときは、必要不可欠になっていったのです。

心身をすこやかに保つ方法は、瞑想だけではありません。体調を崩した私が、瞑想と共に始めたのが体を動かすことです。これも、コロナ禍が始まってから忘れていたことでした。

ただし、始めたのは激しい運動ではなく、歩くことです。

歩こうと思ったのは、ミステリーハンター時代のある経験からです。

今から約18年前、すべてではありませんが取材でスペイン巡礼の道（サンティアゴ・デ・コンポステーラ・カミーノ）を歩きました。この道は、約千年にも渡って多くの人が歩き続けた巡礼路です。

この巡礼の旅に、私は1冊の本をたずさえて歩くことにしました。それは、ブラジル人作家パウロ・コエーリョが著した『星の巡礼』です。

今や世界的ベストセラーのこの本は、巡礼者にとってもバイブルとなっています。幸運なことに、私は歩き始める前にパウロ・コエーリョさんにお会いする機会がありました。

彼は、巡礼の道を歩いて学んだ4つの実用的な知恵を教えてくれました。

1　幸せになるためには、そう多くのことは必要ない。欲を抑えることが大切だ

2　目的に向かって焦るのではなく、その途中のプロセスをおおいに楽しむべきだ

3　人との触れ合いの大切さを感じよう。恐れず、恥ずかしがらず、必要に応じて「あなたの助けが必要」と人に頼るのも大事だ

4　常にオープンでいること。そうすれば、自然と物事が自分の中に入ってきて、巡礼の道でかならず起きると言われている「奇跡」を目の当たりにできるだろう。この「奇跡」とは、あなたの目を変える奇跡であり、あなたのベールを脱がせるような奇跡だ。たとえば、植物が生えているように、花が咲いているように、今日が美しい日であるように、奇跡は常にそこにある

歩きながら、自分に話しかけてみる

これら4つの教えは、どれも日常生活においても忘れてはならないことです。私は巡礼の道を歩いたあとの日記にこう記しました。

「歩き始めのころと比べて、私の中の何かが大きく変わっていった。自分の

やりたいように、自分勝手に生きてきた私だったが、生きていくうえで多くの人々に支えられていることを知った。

また、人生はシンプルに生きてこそ、心の豊かさを掴むことができるのだと感じた。ほんとうの幸せとは、外に向かって求めるのではなく、自分の内側に求めるべきなのだ」


今思い返せば、巡礼の道を歩いた後、私は内向きの矢印の大切さを実感してたのです。でも時が経ち、すっかり忘れていました。私はもう一度、巡礼の道で得た感覚を思い出したくなり、歩くことから始めました。目的をもたないウォーキングです。

そのうち、歩く時間は、次第に〝瞑想〟の時間に変わっていきました。

海辺を歩き、森を歩き、街を歩き、景色を楽しみながらも自分に話しかけます。

「今日の私の体は？」「心は？」

歩き始めてから少しずつ、私は、自分の心と体、外向きの矢印と内向きの矢印のバランスをとる土台を、もう一度、築き始めることができたように思います。

今、このような習慣は日々続けていくことが大切なのだと感じています。

常にうつろう環境や、人間関係とうまく調和をはかるためには、毎日の〝瞑想〟こそ、現代を生きる私たちに必要なのかもしれません。

じっとして自分と向き合うのが難しい方には、ぜひ〝歩く〟ことをおすすめします。

詩を通じて、心を解き放つ

自分の心と向き合うために、私が始めたことがもうひとつあります。

それは、詩を書くことです。昔から詩を読むのも、書くのも好きでした。しばらくやめていた詩作を再開しようと思ったきっかけは、コロナ禍での閉塞感です。

パンデミックが始まって以来、私は毎日暗澹《あんたん》たる思いでいました。

この活動を続けられるのだろうかという不安や、人々との交流が絶たれた絶望感のようなものに押しつぶされそうになった時、詩を書いてみたのです。

ある本で読んだことがある
人という字は、人と人が支え合っているのではないと

人は孤独であり
人はひとりで生まれ
人はひとりで死ぬ
でも
人の文字の成り立ちは、ひとりで立つ人間が、手を前に差し出して
人と関わろうとしている姿なのだと

だれかと関わり続けていこうとする態度は
尊く、人間らしい
伸ばした手の先に
わたしはあなたを感じるだろうか

どこからともなく春の風が吹き
鳥が羽を伸ばし
わたしは目を閉じる
わたしはわたし、だけでなくなった

つたない詩を披露して心苦しいのですが、伝えたいのは詩の良し悪しではなく、こうして内なる心と向き合い、感じたことをストレートに表現することの大切さです。

詩を書く作業は、ふだんは出会うことのない奥底にある自分の心象に触れられる、とても優れた手段だと思います。自分の内面を見つめて言葉を紡ぎ出す作業によって、心の奥にひそんでいた気持ちが浮かび上がり、ある種の心の解放につながるのです。

エシカルな学びに科学的知見はもちろん大切ですが、私は今後、文学的あるいは芸術的思考のアプローチも併せて行っていく必要があると考えています。

文学的・芸術的思考アプローチとは、感じたことを文章にしたためてみる、あるいは、絵に描いてみる、といった情動的な学び。感情を自ら動かし、心を自由に開いていくプロセスです。

日常生活の中で、花を生けたり手芸をしたり、あるいは、歌を歌ったり、楽器の演奏やダンスをしたりして思いを表現してみる。また、料理や家事を通して自分の創造性を発揮してみる。そんなアプローチもいいかもしれません。

科学的に考えつつ、同時に、自分の心を感じ表現していく。このふたつのアプローチが、内向きと外向き、両方の矢印のバランスをとり、楽しく進むためのアイデアを生んでくれるのではないかと思います。

もう一度「作り手」になろう

先ほどお話ししたサティシュ・クマールさんは、もうひとつ大切なことを教えてくれました。これも、エシカルな暮らしのベースとなる視点です。

サティシュさんに、私はこう尋ねたのです。

「どうしたら、みんながこの世界で幸せに暮らせるでしょうか？」

彼は、答えは持っている、という自信のある顔で、はっきりとこう言いました。

「みんながもう一度作り手になること」

サティシュさんは、こう続けました。

お金はもともと、お互いに必要なものを交換するための手段に過ぎなかった。しかし、グローバルな世界になった結果、お金自体が目的になっていってしまったと。

つまり、生産活動をせず消費するだけ、単に物を動かすだけ。あるいは、お金そのものを動かすだけの人があまりにも増えてしまったから、現代では、お金を所有することだけが目的になってしまったと。

だから、みんながもう一度作り手になり、自分に必要なものはある程度、自分自身で作る。また、人が必要なものを作って売り、お金は、あくまでも交換するための手段とする。そうすれば、私たちの暮らしはとてもシンプルになると。

さらにサティシュさんは言いました。

「人はみなアーティストなんだ。みんな手を動かして何かを作り出す力を持っているんだ」

「見えないつながり」によって生かされている

実際、時代の変化に伴い、多くの人たちが物事の背景をより考え、暮らしと向き合う時間を持てたのではないでしょうか。その結果、私たちは「見えないつながり」によって生かされていたことに気づいたはずです。見えない人たちや、見えない自然環境によって私たちは生かされていたのだと。

たとえば、非常事態宣言による自粛生活の中で、私たちは、医療関係者はもとより、インフラを支えてくれているエッセンシャルワーカーの方たちのありがたみを知りました。

特に、都市部に生活する人たちは、食べ物や生活必需品が手に入ることのありがたみを痛感し、生きることのもろさを肌で感じたはずです。それは、「おたがいさま」「おかげさま」といったエシカルにも通じる価値観の再発見や、他者への感謝につながっていったように感じます。

そのような生活スタイルの変化の中で、今までお金を使って購入をしてきたものを、手作りしてみようと思った人も多かったのではないでしょうか。

コットン栽培で見えた、ものづくりの苦労と喜び

私が挑戦したのは、オーガニックコットンを育てることです。「服のたね」という企画に参加して実現しました。この企画では、送られてきたオーガニックコットンの種を自宅で育て、収穫したコットンを主催者に送ります。そして、そのコットンを使って製品を作るプロセスをみんなで一緒に楽しみながら学びます。食べられるわけでもないコットンを育てるなんて、時間と気持ちに余裕のある「趣味人」のやることと思われるかもしれません。しかし私にとっては、ものづくりのプロセスを最初から最後までこの目で見届けられる、ワクワクするプロジェクトであり、大きな学びの機会になりました。

実際に育て始めたところ、思わぬ変化がありました。まず、気温と気候の状態に敏感になり、雨が降るべき時期に降らなかったり、暑い日が続いたりするとコットンのことが心配になるのです。また、農薬を使わないので、虫や鳥に食べられないか、毎日、目を行き届かせなくてはいけませんでした。

数本のコットンでさえこんな状態なのですから、農家の方たちの大変さがほんのわずかでも理解できるようになりました。

もちろん、真綿色のコットンを収穫できた喜びは格別でした。

いつでも、誰でも「作り手」になれる

このプロジェクトでは、コットンの製品化の際に工場を見学することができます。丸いコットンボールが、糸となり、生地となり、縫製の作業を経てようやく完成する道のりを目の当たりにすると、ひとつの製品が完成するのにどれだけの時間や人の手がかかっているのかを知ることができました。

毎日身につけている洋服や下着の多くはコットンでできているのに、私たちは、原材料を育てている作り手まで、思いを馳せることができているでしょうか?

たとえ数カ月であったとしても、このような「作り手」としての経験こそ、買い手になった時に重要な役割を果たします。

エシカル消費とは何かを真の意味で理解する手助けになり、グリーンウォッシュ(環境に配慮していると見せかけること)にだまされるだけでなく、グリーンウォッシュ

を無自覚に支える側に回ることを回避することもできるのです。

いつだって、誰だって、何かを「作り出す」ことができる。人間らしい生活を自らの手で取り戻す。この大切な事実を、私たちはいつしか忘れてしまっていたかもしれません。

パンデミックによって世界が様変わりした今、私はサティシュさんのこの言葉がより腹に落ちています。

もちろん、無理に時間をひねり出し、何かを作らなければならないと言いたいわけではありません。たとえば、ペットボトル飲料をやめて、自分で淹れたお茶を持ち歩いてみる。コンビニで買っていたランチを手作りのおにぎりに変える。そんなふうに、自分の暮らしに少しずつ手をかけていくことが、「作り手」への一歩になるのではないでしょうか。

おすそわけで知る「おたがいさま」のありがたさ

実はここ数年、私なりに、自分でできるものは手作りを始めていました。

たとえば、塩麹やジャム、アーモンドクリーム、パスタソース（庭でとれるバジルを使ったジェノベーゼソースなど）、干し野菜、へちまたわしなどなど。また最近では、ご近所にいらっしゃる味噌作りの達人の方に教えていただきながら、自分で作る味噌にも挑戦中です。

紫蘇やバジル、ミント、ローズマリーなどのハーブや、夏には、ピーマンやナス、トマトといった野菜なども育てています。自分のところで美味しいものができると、なぜかご近所さんや知り合いにあげたくなります。たぶんその心は……相手の喜ぶ笑顔が見たいからだと思います。

気づけば、自分がおすそわけするだけでなく、相手も同じようにしてくれて、お互いが作ったものを物々交換するようになっていました（これを「友産友消」と言うそうです）。

こうした関係が始まると、世間話をしたり家族のことを話したり、自然と話が広がっていき、お互いのことを知るようになります。

そんなつながりの中で、コロナ禍ではトイレットペーパーやマスクが品薄になった時期は、ご近所さん同士でのゆずり合いもありました。また、地元の農家さんから農産物を購入して、ささやかながら地域に貢献することもできました。

地域の小さなサークル（循環）の中だと、助けられることと助けること両方を経験できて、「おたがいさま」の精神を実感できたように思います。

私と同じように、地域の人たちとのつながりに救われた人も少なくないはずです。

私たちは、常に便利さや手軽さを求めてきました。

しかしその結果、他者と関係性を持つことは面倒なものとして避けてきたのではないでしょうか。昔は当然のご近所づきあいも、今では煩わしさが先に立ち、あまり見られなくなりました。地方でも、ご近所づきあいが今も残る地域がある一方で、近隣との交流が減った地域も少なくないと聞きます。

買い物でも同じです。かつては、八百屋さんや豆腐屋さんなどに出向いて、品物の良し悪し、調理法などを聞きながら、一通り無駄話もして、ようやく商品を手に入れる、といった関係性と時間の流れだったと思います。

でも今は、誰とも話さずにスーパーやコンビニで自動販売機のように野菜を買うことができます。野菜はただの野菜。作り手の顔もわからず、美味しい食べ方さえ知ることができません。お互いに支え合えるような人間関係も築きにくくなります。

今、私はなるべく市場や専門店で農家さんや作り手たちと会話を交わしながら買い物をしていますが、こうした何気ない会話をすることで、お互い元気を分け合っているのだなと感じます。

煩わしいつながりが心地よい

今はなくしてしまった「煩わしいつながり」をもう一度取り戻す。

これもまた、エシカルに生きる上で、とても大事な要素だと思います。面倒なことはなるべく避けたいと思うものですが、この煩わしさを失ったことで、私たちは損をしていたのではないでしょうか。

最近、煩わしさは案外心地よいものだと感じることが増えています。

ますます不透明な世の中になっていきますが、どんな社会状況にも安心して対応できる暮らしとは、お金だけに頼る暮らしではありません。

パンデミックの中で、関係性のない孤立した暮らしはとても脆《もろ》いものだと私は気づきました。お店で食料品や日用品が手に入らなければ、途方に暮れてしまうような生活は怖いです。

近くにいる人たちとのつながりを改めて見直すことで、いざという時にお互い助け合える仲間が作れます。生活も「持続可能」になっていきます。

平時でつながりを築くことが有事で役立つことは、災害時の事例などでも知られています。たとえば、今各地で増えているこども食堂は、地域の人たちの手によって運営されていますが、ここで生まれたゆるいつながりが、コロナ禍のような非常事態でとても役に立ったそうです。

認定NPO法人全国こども食堂支援センターむすびえ理事長の湯浅誠さんは、こども食堂とは「子どもを真ん中においた多世代交流の地域の居場所である」とおっしゃっています（ちなみに、ほとんどのこども食堂は、大人も含めどんな人も利用できるそうです）。

日常の中で少し意識をして地域とのつながりを自ら作ってみるのも、心の安定につながるのではないでしょうか。

どうしてもご近所づきあいが苦手という方や、忙しくて時間が取れないという方も買い物には行くはずです。まずは、商店街のお店の人と会話してみる、というような身近なことから始めるといいと思います。

いつも利用するコンビニのレジで「ありがとうございます」と声をかけたり、ほんの一言二言話したりするだけでも、そこにあたたかな交流が生まれます。

なぜ人が喜ぶと、「私」が嬉しいのか

それでは、ここでクエスチョンです。

先ほど、相手の喜ぶ笑顔が見たくておすそわけするという話を書きました。

では、なぜ人が喜ぶと、自分も嬉しいのでしょうか？

そう自分に問いかけて、私はあることに気づきました。

私の場合、はじめは、自分自身が問題に加担したくないという強い思いで活動を始めました。しかし、活動をやっていけばいくほど、結局、私自身が周りの人々から助けてもらっているという事実に気づきました。

エシカルな活動は誰かのために、という「利他的」な活動であるといっても過言ではありません。「利他」とは仏教用語で、他人に利すること。つまり、人のためになることです。

でも改めて考えてみると、私の感覚ではそうではなかったのです。

私自身が救われてきたのです。


実際、フェアトレードの生産者を訪問すると、私はいつも元気になれました。

たとえば、バングラデシュの団体では、手仕事の素晴らしさに驚かされました。糸を紡ぎ、はた織り機で生地を織り、デザインを彫った木版でプリントを押し、裁断し、縫製をして、ようやく1枚の服が出来上がります。人の手だけでこんなにも多くのことができるのだと、ものづくりの面白さを教えてもらい、力が湧きました。

また、自分たちが作った服を、日本の人々が大切に扱い、オシャレに着こなしている様子を知った作り手たちは、仕事に誇りを感じる、と喜んでくれました。

ネパールの団体では、子どもやお年寄りが家にいる女性でも働けるように、工房に毎日通わず、自宅で仕事できるしくみがあります。近所に住む生産者たちが集まり、和気あいあいとニットを編む様子を見て、日本の働き方についても考えさせられました。

仕事と家庭とのバランスをとりながら、質素ではあるけれども、瞬間瞬間を大切にする生活スタイルを経験し、謙虚で人間らしい働き方や暮らしがそこにあることに感動しました。

フェアトレードの活動は、途上国の貧しい人たちを助けることだけが目的ではありません。ピープルツリーのジェームズ・ミニー社長は次のように表現していました。

「フェアトレードの役割のひとつは、〝豊か〟な暮らしをしてきた人たちから本来の姿を奪わないようにすることです」

私は、作り手たちの生き方から学び、幸せや喜びを分けてもらってきたように思います。それは活動を続けていくための大きな助けとなりました。

「答えのない問い」を生きる

改めて聞きます。なぜ人が喜ぶと、自分も嬉しいのでしょうか？

クエスチョンへのあなたの答えは何でしょう。

実は、この問いへの「正解」はありません。私自身も、自分にそう問いかけて「答え」が出たわけではありません。でも、先ほどお話ししたように、活動することによって、自分自身が助けられていたのだと気づくことができました。

こうした「答えのない問い」を生きていくことの大切さは、ＥＳＤの第一人者で聖心女子大学現代教養学部教育学科教授の永田佳之先生に教わりました。永田先生が教えてくださった次の言葉は、エシカルに生きていく上でも重要な指針となると私は思っています。ドイツの詩人リルケの詩の一部です。

「Live the question now!（今は問いを生きよ！）」

私たちは学校教育の中で、常に正解を出すよう求められてきました。しかし永田先生は、ご自身が編集に加わった教科書の関連冊子で、「グローバル化した現代社会を生きる若者たちはむしろ〝答えのない問い〟に出会う場が増えている」と書いていらっしゃいます。

その状況で必要なのが、「問いを生きる」姿勢です。先生は次のように続けています。

「予期せぬ事態に直面してもあたふたとせず、人生の舵取りをできるようにする――（中略）〝答えのない問い〟を仲間と話し合い、自身の中で深め、『問い』とともに歩んでいく――こうした営みを3年間の学びを通して持続させることによって、まさに『主体的・対話的で深い学び』は実現される端緒を見いだすのではないでしょうか」

（教育出版 令和3年教科書特設サイトより）

つまり、答えを性急に求めず、時には他者と対話しながら、自分自身で問いを掘り下げていくことが、より自立した学びにつながっていくのです。

エシカルな生き方にも、「正解」はありません。ですから、自分の中で問いをあたためながら、心へ矢印を向けて内面をのぞいたり仲間と対話したりしていくことが大事なのではないかと思います。

自然と「二人称」でつきあってみる

自分自身と向き合うだけでなく、自分と自然との関係を見つめていくことも、またエシカルに生きるためには大切です。しかしこれも、私たちが忘れていることのひとつです。

どのように自然と向き合っていけばいいのか。いつも「地球目線」で環境の話をしてくださる京都芸術大学教授でＮＰＯ法人 Earth Literacy Program 代表の竹村眞一先生から、あるお話を伺った時、なるほどと腑に落ちました。

竹村先生いわく、今までエコロジーや環境問題は、常に「三人称」で話されてきたとのこと。たとえば「自然を守ろう」「動物を大切に」というように、聞き手と話し手以外の「第三者」として、自然や環境は語られてきたそうです。

たしかに、私たちは、自然や生き物は自分とは別の存在であると捉え、切り離して考えてきたように思います（特に、都市部に住んでいるとそうなりがちです）。三人称では「語る」ことはできますが、「自分ごと」にするのは容易ではありません。

しかし、竹村先生はおっしゃいます。

これからは、地球や他の生き物たちを三人称ではなく、二人称、つまり「あなた」として捉え、「あなたと私」という関係性で語っていく必要がある、と。

「あなたと私」の間には、パートナーシップが生まれます。

パートナーとなる人や結婚相手を選ぶ時、私たちは相手をよく知ろうとします。そして、大切に思う相手が「全《まっと》うの人生」を送れるよう望むはずです。

「全うの人生」とは何かというと、その人が自分自身の全体性（Wholeness）、つまり、自分らしさを発揮して十全に生きていくことです。

「Whole」は全体を表します。「Health」（健康）、そこから「th」をとった「Heal」（癒やし）という言葉の語源は、この「Whole」だそうです。

これは、健康で癒されている状態が全うである。つまり、全体性を持って生きることが、健全（healthy）に生きることだと言っていいでしょう。

このように見てきて、私は思います。

全うな生き方ができるよう、他者（人間だけでなく、生きとし生けるものすべて）に対して気遣っていくことこそ、エシカルであると言えるのではないでしょうか。

自然や生き物も「あなたと私」という関係で見る。つまり、二人称で捉えると、パートナーシップを組む相手をよく知りたいと思うはずです。

そして、相手には悲しんだり、苦しんだりしてほしくないと願うはずです。すると、自然や生き物を、大切にしなければいけないという気持ちが湧いてくるかもしれません。

自然と対峙した時に、私たち人間が自然を「あなた」として捉え、相手の全うな人生を望めば、環境を破壊していく行動は多少なりとも抑えられるような気がします。

SDGsの17番目の目標も「パートナーシップで目標を達成させる」と掲げられています。しかしこれは、人間同士のパートナーシップとは限りません。

それだけでは不十分です。人間と地球、人間と自然、人間と他の生き物、人間と微生物、人間とウイルス……。さまざまな相手とのパートナーシップを組むことで、お互いをより理解していくことが大事だと思います。

自然が「自分自身」になる時

さらに進んで、二人称が一人称になることもあり得ます。

つまり、自然が「自分自身」になるのです。これこそ、もっとも難しいことかもしれません。

しかし、そもそも私たち日本人は、古くから人は自然の一部であるという考え方を持っていました。また、人間そのものが自然の一部なので、自然は守るものというより、共存していくものだと考えてきました。これは、自然を一人称で捉えてきたと言っていいでしょう。忘れられない出来事があります。

東日本大震災の翌年、私は南三陸と気仙沼の間、陸前小泉にほど近い小さな漁港から気仙沼の舞根湾に向けてシーカヤックの旅に出かけました。

出発の朝、ある漁師さんとその奥様が、私たちが寝泊まりをしていた漁港に、とれたての釜揚げしらすを届けてくださいました。

「さあ、たくさん食べて食べて。元気に出発してください。これは私たちからのおすそわけです」と言って、売り物となる貴重な魚を私たちに分けてくださったのです。

実は、この方は震災で船をなくし、借金をして新しい船を買ったばかりで、大変な暮らしを強いられていた時でした。そんな苦しい時に、わざわざ見ず知らずの私たちに、売れば数千円の価値となる魚を出してくださったのです。

私はなんとも言えない気持ちになり、「こんなにたくさんいただいていいのでしょうか？」と言いました。そうしたら、彼はこう言いました。


「自分たち漁師は、海からの利子だけいただいて暮らしている。海から分けてもらったものなので、他の人たちにおすそわけをして当然。私たちは絶対にこの海の元本には手をつけない。手をつけた瞬間にすべてがなくなってしまうのを知っているから。私たちはこの海のことを太平洋銀行と呼んでいるんですよ」

きっと自然と向き合ってきた人たちは、みんなそう思うのだと思います。海を破壊するのは自分を苦しめることと同じであるという精神はまさに、自然をコントロールするのではなく、自然と共存していくという考え方そのものです。

私は今も彼の言葉を時々思い出します。あの時いただいたふんわりとやさしい釜揚げしらすの味をいまだ超えるものはありません。

自然の中で過ごす時間が育むもの

自分を大切にするように、自然や生き物を大切にする。

自然や生き物を大切にするように、自分を大切にする。

農業や漁業、林業をなりわいとしている人、あるいは、海や山の近くで暮らす人、アウトドアスポーツをする人たちなどは、この感覚を自然に持っているのかもしれません。

では、今私たちが自然を一人称で捉えるためには、どうすればいいでしょうか。

その鍵となるのが、日頃、自然と触れ合う時間を増やすことだと思います。私も今、積極的に海に出て泳いだり、ボディサーフィンをしたり、森を散策したりする時間を作っています。

静かな海に浮かんでいると、海と私が一体化する瞬間を味わえます。どこから海でどこから私なのかわからないほど、自分の細胞が蒼い海に溶け込み、水底を泳ぐ魚と同化するような気持ちになるのです。

時には、たくさんのプラスチックゴミが浮かんでいるのを目撃して悲しくなります。ゴミをかき分けて泳いでいると、ゴミを獲物と間違えて食べてしまう魚の気持ちがわかるような気がします。そして、魚たちにも後世の人たちにも、美しい海を残したいという思いになります。

森を散策する時も、同じ気持ちになることがあります。

静かな森に足を踏み入れて歩みを進めていくと、さらさらと風に揺れる木が、まるで私に話しかけてくれているような気持ちになり、愛おしく思えてくるのです。

思わず木を抱きしめると、どこから木でどこから私なのかわからないほど、木と私が一体化する瞬間を味わえます。歩き疲れて、根元に腰を下ろす時には、「ごめんなさいね」と無意識に声をかけている自分がいます。

森が切り倒された禿山や、間伐されず太陽の光が入らない暗い森を見ると、そこに暮らす動物たちのことが気になります。


このように、ほんのわずかであっても、海や山、森で過ごす時間を持っていると、私たち人間は自然の中に溶け込む感覚を少しずつ味わっていくことができるのではないかと思います。実際には、難しい部分もあるかもしれませんが、このような体験を定期的にできる暮らしがエシカルな心を育んでいくのではないでしょうか。

その時に大切なのは、私たち人間は自然の一部でしかないことを意識して、そのことに敬意を払うことだと思います。

また、日々の暮らしの中で、地球のリズムを自分なりに取り入れていくことも大事です。それは必然的に、エシカルな生き方につながっていきます。


このような生き方は、自分自身を大切にすることにつながります。すると、自分にとって「ほんとうに必要なもの」が見えてくるはずです。そうすれば、よりシンプルに暮らし、費やして消すだけの「消費者」から脱却することができるのではないでしょうか。

三人称だった自然が、二人称、さらに言えば、一人称にまで変化していく。そんな体験がこれから少しでも多く、この地球の上で紡がれていけば、私たちの世界はほんとうの意味で豊かになるのではと思います。

現実を見れば、今の地球は危機的な状況にあります。それを考えると、悲観的になったり、ネガティブな思考になったりしがちかもしれません。でもそんな今だからこそ、もう一度、人間と地球のつながり方を改めて捉え直す、絶好のチャンスであると考えるのはどうでしょうか。

エシカルな活動をやっていく上で、ポジティブな気持ちを持ち続けていくことは、実はとても大事なことと思っています。

一枚の紙のなかに雲が浮かんでいる

私たち人間を含む世界の本質を、端的に表している言葉があります。ベトナム出身の禅僧で、エンゲージド・ブッディズム（行動する仏教）の提唱者でもあるティク・ナット・ハンの有名な言葉です。

「この一枚の紙のなかに雲が浮かんでいる」

ティク・ナット・ハン（『仏の教え　ビーイング・ピース』中公文庫）

この言葉について、ハン自身は次のように説いています。

「もし、あなたが詩人であるならば、この一枚の紙のなかに雲が浮かんでいることを、はっきりと見るでしょう。雲なしには、水がありません。水なしには、樹が育ちません。そして、樹々なしには、紙はできません。ですから、この紙のなかに雲があります。

この一ページの存在は、雲の存在に依存しています。紙と雲は、きわめて近いものです」

紙は、紙でない要素によって成り立っている。紙でない要素をすべて取り除けば、紙は完全になくなる。このことを突き止めていくと、紙は分かれていない。つまり、ばらばらに分かれたものはないということになる。同じように個人も、〝個人でない要素〟によって成り立っているとハンは説明します。

私たちはそれぞれが〝個人〟としてこの世に存在していると認識しているけれども、実は、そうではないのです。

それは、大きな全体性の中に私たちはあるということなのかもしれません。私たちは命のつらなりの「ただなか」に存在し、行き着くところに〝個〟はないということなのかもしれません。

社会に生かされている「私」に気づく

振り返ってみると、人間は、パートナーシップを組むべき相手（自然や他者）をないがしろにして、自分だけがよければいいという態度をとってきました。

もちろん、意識的にではないかもしれません。でも、気づかないうちに私たちが「問題の一部」となってきたのは、残念ながら事実です。

今、その積み重ねが恐るべき現実となって自分たちに返ってきています。

その一例として、今回のパンデミックの原因は、人間が経済活動を優先して無秩序な森林破壊を繰り返してきたことと関連があるという研究報告があります。また、プラスチックゴミ問題も動物福祉の問題も、人間が引き起こした問題です。そのツケが私たちに回ってきているのです。

今、世界で起きている現実を見ると、たびたび目を覆いたくなります。

正直に言えば、自分だけどこかにこもって、ひっそりと社会や地球に迷惑をかけずに暮らしたいと思うこともあります。もちろん、そうした選択肢もあり得ます。

でも、私はこう決めました。社会に踏みとどまり行動を起こしていくことで、現実を変えていく力になりたいのだと。なぜなら、ハンが言うように、私は「私だけの自分」ではなく、社会に生かされているからです。

お話ししてきたように、エシカルな活動は、温暖化問題を解決したいという私の個人的な思いから始めた行動です。

しかしその行動は、自分が世界と結ばれているのだと気づかせてくれました。そしていつしか、自分と世界とのつらなりを見いだすプロセスに変わっていきました。

さらにその発見は、「私」という存在を取り戻す行為にもつながっていったのです。

エシカルな暮らし方を幸せのものさしに

これから起こしていくエシカルな変革の波が、この地球上にどんな社会をもたらすのか。どんな幸せを生み出すのか。私もまだわからないことばかりです。

それでも私は、自分にもできることがあるのだと信じて、エシカル協会の活動を止めずに走り続けています。

エシカル協会のミッションは、次の通りです。

エシカルの本質について自ら考え、行動し、変化を起こす人々を育み、そうした人々と共に、エシカルな暮らし方が幸せのものさしとなっている持続可能な世界を実現する。

創業当時、ミッションを作るために仲間たちと合宿をした時、メンバーのひとりが「幸せのものさし」という言葉を提案してくれました。みんなでとても気に入り、ミッションに入れることになり、幸せとはどういう状態のことかをみんなで議論しました。今、もう一度この言葉に立ち返ってみたいと思います。「幸せとは何か」を考えるプロセスこそ、エシカルな生き方を模索することと重なるのではないかと思うからです。

あいまいなものだからこそ、考え続ける

私たちには今、ＳＤＧｓという宿題が与えられています。

しかし、人類がこの宿題を解決したとしても決して終わりではありません。

２０３０年のＳＤＧｓ達成も、２０５０年のカーボンニュートラル実現も、ひとつの通過点です。目標を達成できたその先に、どんな幸せがあるのか。

その前に、私たちひとりひとりがどのような社会を作り、どんな幸せを求めていくのか。それを思い描き、明確にして、それを周りと共有していくこと、考え続けていくことが大事なのではないかと思っています。

なぜなら、幸せをはかる指標はないから。幸せとは、常にぼんやりとした輪郭のないものだからです。幸せとは、あいまいなものだからこそ、意識的に考え続け、行動し続ける必要があるのです。そして、自分なりのものさしを作る必要があるのです。

そうしなければ、日々の暮らしや、目標とされるものを達成することだけに囚われてしまいます。すると、大切なものを見失ってしまう。そう思います。

この本を書くにあたり、改めて幸せとは何か、エシカルに生きるとはどういうことかについて考えてみました。そしてその過程で、自分の半生を振り返り、自分が幸せだったと感じた時はいつで、どんな状況だったのかを思い出してみました。

それは期せずして、自分の中に「火種」が生まれたプロセスに気づく作業にもなりました。

少し長くなりますが、私の子ども時代についてお話ししてみたいと思います。

父の仕事の関係で、海外生活が長かった私の経験は一般的ではないかもしれません。しかし、感性の豊かな子ども時代、そして思春期に、誰もがたったひとつの特別な物語を生きています。そしてその時間を振り返ってみると、きっと自分自身のルーツを、大切にしたいものを、思い起こすことができるはずです。

これからお話しする私の物語が、あなたが自分自身の物語を思い起こすきっかけになれば嬉しいです。

豊かな自然の中でめぐらせた思い

幼い頃にもっとも楽しかったと感じたのは、祖父に連れられて鎌倉の由比ヶ浜海岸を散歩した時のこと。寄せては返す波が最初は怖く感じられましたが、潮風が心地よく、湿った海の匂いが大好きでした。曽祖母と庭でおままごとをしながら、植物やお花の美しさを教えてもらったことも楽しい思い出です。

タイのバンコクに暮らしていた小学校時代の思い出も蘇ってきました。当時、バンコクはまだ発展途上の都市で、暮らしていたマンションの周りは森が広がり、毎朝、森に住む猿たちの鳴き声で起こされました。

ホーホーと大きな声で鳴く猿の声が私は大好きで、近くに人間以外の野生の生き物がいることがとても心地よいと感じていたことを覚えています。タイの海や自然が豊かな田舎の町に連れていってもらい、見たことのない世界を教えてもらいました。

アメリカで過ごした時期は、休みになると自然が大好きな父が、私たちをいろいろな場所に連れていってくれました。

思い出深いのは、10代の終わりにカウボーイの地、ワイオミングに行った時のこと。美しい森を流れる川で釣りをしたり、満月の夜には月の光を頼りに荒野を馬に乗って散歩したりしました。真夜中になると、宿泊施設の中にいても、得体の知れない野生動物の鳴き声が遠くから聞こえてきました。まるで狼のような遠吠えです。その声に怖がっていた私に、父はこう言いました。

「あの動物はいったいなんだろうね？　オオカミかコヨーテか……姿は見えなくても同じ地球に生きているってことを感じられるって、すごいことだね」

私は姿が見えないその動物のことを想像しました。そして見えなくても、そこにいることを心と体で感じました。

それ以降も、家族でさまざまな国立公園を旅しましたが、いつもその言葉を思い出しました。そしてこう思いました。「見えない動物たちといつか会いたいな」と。

あとから考えると、この体験は自然と私の関係性を育むひとつの大切な出来事だったのです。

私の幸せは、私だけのものではない

どの経験も、振り返ると幸せだったと感じる出来事です。しかしその時は、楽しいとは思っても、幸せだと気づかなかったように思います。

おそらくその頃は若く、無邪気に時間を過ごしていただけだったからかもしれません。

思春期を迎えた高校生になると、人のことが羨ましくなったり、自分に自信が持てなくなったり、他の人の目が気になったりして、常に、自分には何か足りないと思っていたように思います。

社会人となり、フリーアナウンサーの道に進んだ時に、その思いはさらに強くなり、常に、自分と他人を比べて劣等感を感じていました。

特に私は、アナウンサーなのに、人前に出るとアガってしまい、うまく話せず失敗するという体験をたくさんしました。どんなに努力しても、うまくいかないことの方が多かったのです。

恥もいっぱいかきました。次々と出てくる若手の優秀なフリーアナウンサーの存在から、「この先、自分の未来はあるのだろうか？」と真剣に悩むことも度々ありました。正直、私は今の活動に出会うまで、「幸せである」と自信を持って思ったことは一度もなかったように思います。

でも、20代後半でエシカルという概念と出会ってから、無心に走り続けた今、はっきりと言えます。「私は幸せである」と。

もちろん、今の地球や社会のあり方を考えれば、手放しで自分は幸せと言っていいのかとためらう部分もあります。でも、やはり今この瞬間、幸せだと思うのです。それは、私の幸せは自分だけのものではないと感じられるからかもしれません。エシカルな選択を続けていくと、自分の笑顔が誰かの笑顔につながり、誰かの笑顔が自分の笑顔につながるのだと実感します。もしエシカルな生き方を選んで来なかったとしたら、このような感覚にはたどり着かなかったでしょう。

宮沢賢治は、かつてこう言いました。

「世界がぜんたい幸福にならないうちは、個人の幸福はあり得ない」

（宮沢賢治「農民芸術概論綱要」より）

普通は、こう考えるはずです。まず個人の幸せが先にあり、ひとりひとりの幸福が実現された結果として、世界全体の幸福が訪れると。

しかし宮沢賢治は、個人の幸福よりも前に、「世界がぜんたい幸福」になる必要があると言っています。これもまた、ハンが言う一枚の紙の中に雲が浮かんでいるという考えと通ずるのではないでしょうか。

自分にとっての幸せだけを求め続けていっても限界があります。

でも、世界ぜんたいの幸せを考えればきりがなく、それを実現するためのモチベーションはいくらでも湧いてきてワクワクします。

つまるところ、エシカルに暮らすこと、エンゲージド・エシカルを実践していくことは、自己犠牲の行動ではない。他の人のために、社会のために自分を自分として生かすことなのです。

一見すれば、「百聞」して糧にできる

若い世代の人たちに、私はよくこう言います。

人がなんと言おうと、自分が好きなことやいいと思うことは、とことん貫いた方がいいと。

これは、今まで活動してきた中で感じてきたことであり、変革の波につらなる専門家の方たちもよく口にすることです。

周りの目が気になるから、マジョリティが言っているから、という理由で自分を変える必要はありません。結果、自分の思うように行かなくなった時に、かならず人の

せいにして後悔するからです。あなたのことは誰ひとり責任をとってくれません。自分で決めたことなら、誰のせいにすることもなく、後悔したとしてもその気持ちは次の挑戦への力となります。

もうひとつ、伝えたいことがあります。

２００５年にスマトラ島沖地震、津波災害があった翌年、知り合いを通じて日本赤十字社が活動しているバンダアチェの復興支援事業を視察しに行く機会をいただきました。その際に出会った女性医師の方から言われたことです。

帰国する前の晩、私は彼女に「今回の滞在は百聞は一見にしかず」だったと話しました。帰国してから、彼女は私にこんな返信をくれました。

「人道支援という仕事は、するめのようで、経験すればするほど現実と理想、または一般に認知されている事柄との隔たりがある、噛めば噛むほど味の出てくる妙な分野です。こういう分野に関係する一個人としては、たしかに『百聞は一見にしかず』ではあるものの、『一見』したあと『百聞』して『一見』した事実を確固たるものにする、ということもまた重要なのではないかと強く感じていたりしています。

なぜなら、『一見』できることは、あくまでも氷山の一角でしかないからです。時に人道支援という名の下に、全体像を見過ごしてしまっているのではないかと感じることがあります。今回、里花さんが体験されたことが津波災害復興事業のすべてではありません。でも少なくとも、この世界の事実の一片をご覧になられたわけで、ここで『一見』したことを、ぜひ里花さんのこれからの糧にしていただけたらと思います」

今思うと、この言葉はきわめてエシカルな視点です。この本でお伝えしてきた全体像を考える視点と、世界ぜんたいのつながりを包括的に考える視点。そして、「知ったつもり」でいることの危険性や、学び続けていくことの大切さを教えてくれています。

メディアやネットでの情報だけですべてを判断せず、体験を通じて一見したとしても、百聞し、また考え続けること。それを繰り返していくことで、すべての経験が真に生きてくるのだと思います。

変化を楽しみながら、未来をつくる旅を続けよう！

スウェーデンの取材旅行で、その先進的な取り組みを実現するにはどうすればいいのかと尋ねる私たちに、多くの人たちがこう言いました。

「Close your eyes and just do it!（目をつむって、やってみるんだ！）」

変化を生むために新しいことを始める時に、あまり心配する必要はないということです。とにかくやってみるのがいい、という潔い考え方です。スウェーデンの人たちは、この精神で常に新しいことを生み出し、受け入れてきたと言っていました。

話を聞くと現在にいたるまでには、さまざまな失敗を経験してきたそうです。また、今も彼らなりに模索中だといいます。

あとへ続く私たちは、その学びを教訓としていけます。スウェーデンを始めとするエシカル先進国から学び、さらに、日本らしさ、自分らしさをどうプラスして実践していけるか。これは、楽しいチャレンジになるはずです。

とりわけ日本人は慎重ですし、失敗を許さない傾向がありますが、今は新しい社会をつくり出しているプロセスの途中なので、失敗はつきものです。

スウェーデンでは、こんなアドバイスも貰いました。

「失敗したら、そこから修正すればいいじゃないですか」と。

私はこれを聞き、気持ちがものすごく楽になりました。トライ&エラーで失敗から学び、螺旋階段を登っていくように上を目指していければいいと思います。


あなたは、何を変えていきますか?


最近、また素敵な言葉に出会い、胸が熱くなりました。

ピープルツリーの30周年記念イベントで、前述のジェームズさんに「30年も続けてこられたモチベーションは何ですか?」と尋ねたところ、「モチベーションというよりも……」という前置きのあとに、こんな答えが返ってきたのです。

「自分よりも遥かに大きい存在、人と人とのコネクション(つながり)が生む愛というものがあって、その愛が来ている。だから、自分を通してその愛を流していく。そんなふうに活動をしてきました。自分が努力しすぎてかたくなれば、愛は通らなくなります。愛がちゃんと通るようにしてあげないと次に進めません。そこに気がつくことが大事です。自分の力だけでやらなきゃと思ったとたんに流れが止まるから。でも、周りの皆さんの力を受け、愛を流しながら進めば、次のことができる。そうやって30年続けてきたのです」

自分ひとりでがんばって変化しよう、世の中を変えようと思うと、苦しいかもしれない。でも、みんなとのつながりの中で進んでいると考えれば、肩に力を入れず進化していけるのではないか。ジェームズさんの言葉を聞いて、私はそう思いました。

今、多くの人が変わり始めています。先日開催したエシカル・コンシェルジュ講座での講義のあと、受講生の皆さんに「今後、変化のためにしたいこと」を聞いてみました。すると、このように頼もしい答えが返ってきました。

「捨てようと思っていた家具を再利用する」「ゴミを捨てる前にいったん考えるようにする」「友達や家族と話す機会を作る」「買い物の際にラベルや産地を確認する」「学

校で講演会を開けるよう働きかける」「電力会社を再エネに変える」「古着やフェアトレードの服を買う」「気に入っている製品の由来を調べる」「自分がよく行くお店に声を届ける」「地元の環境活動に参加してみる」……

どれも、毎日の生活の中でできることであり、大きな変化につながる力です。あなたは未来のために、新しい世界像を築くために、どんなことを変えていくでしょうか。そして、何を始めるでしょうか。

変化を恐れず、行動しましょう！
Close your eyes, and just do it!

自分なりのエシカルなものさしをたずさえていれば、社会と積極的に関わっていくことも怖くありません。一歩踏み込んだエシカルの行動は、きっと想像もできないくらいパワフルで、大胆な力を持っているはずです。そしてかならず、見たことのない未来を見せてくれるはずです。

これからの旅に忘れてはならないのが、内向きの矢印です。自分の中に静謐《せいひつ》な余地を持つことです。私にとってこれを実践するのには、いまだに訓練を必要としています。でも、これもまた楽しい道のりです。

厳しい時だからこそ、希望がある

「世界ふしぎ発見！」の取材で、ロシア連邦のサハ共和国にある人口約千人のペテンキオス村を訪れたことがあります。

ペテンキオス村には、温暖化の影響がひそやかに迫っていました。永久凍土が溶ける時期やスピードが早くなっていることに村人たちは気づいていました。将来、代々暮らしてきた土地で暮らせなくなるかもしれないという危機感をこのときすでに持っていたのです。

冬にはマイナス70度にもなるこの村で、ヤクート人一家の家でホームステイをしなから過ごしたある夏の日のことでした。

「こんなに寒いところでは、夏は日が長いから嬉しいですよね?」と私が尋ねたところ、お母さんがこう答えました。

「ヤクート人にとっては、夜の時間が一番長く寒い冬至が、一年で一番喜ばしいんですよ。なぜなら、冬至の日を境に1日ごとに日が長くなっていくからです」

実際は寒さが一番厳しい時なのに、心は夏に向かっているので晴れ晴れしている、と言うのです。極寒の地を生き抜いてきた人たちならではの心構えです。

私はよくこの言葉を思い出し、自身を奮い立たせます。

今はまだ寒く、暗いトンネルの中にいるかもしれないけれども、かならずトンネルから抜けて、明るく温もりを感じられる日が来るのだと。

今、エシカルな世界をつくるために、大衆を率いる革命家は必要ありません。それぞれが変化を促す行動者であり、未来をつくるリーダーだからです。

ひとりひとり、進む速度もやり方も違います。だから、素晴らしいのです。

ひとりの100歩よりも、100人の一歩が世界を変える。

あなたの「一歩」を聞かせていただく日を楽しみにしています。そして、そこから変化の波を、共に起こせることを確信しています。

一緒に、エシカルの旅を、暮らしの中で続けていきましょう。

「あの時、がんばってくれてありがとう」と、未来の子どもたちから言ってもらえるように。

おわりに

エシカル協会は、２０２１年に創立6年目を迎えました。

団体として次のステージにいくためにも、次なる5年間を「行動の5年」と位置づけ、自らが変化の担い手になっていけるような事業も展開していくつもりです。

その第一弾として、千葉県匝瑳市でソーラーシェアリング事業を開始しました。

発電所の名前は、「ＴＨＥ 土と太陽の発電所 ~Soil&Sun~」。

若手の有機農家さんたちが集う Three Little Birds 合同会社、社会問題をビジネスで解決に導く株式会社ボーダレス・ジャパンと、エシカル協会の3社が共同で運営します。

私たちだけでは到底なし得ない事業でしたが、2章でお話しした「みんエネ」のサポートのもと実現しました。今後も、協会としても個人としても、「実践者」として社会によりよい影響をもたらすことができるよう、さらに一歩踏み込んで活動を進めていく予定です。

5章では「世界ぜんたいの幸せ」という壮大なテーマについて書いたので、ずいぶん大仰だなだと感じた方もいるかもしれません。

しかし、私は本気です。誰が何を言おうとあきらめず、希望を持ちながら世界ぜんたいの幸せのために、少しでも力になれるよう一生をかけて行動していくのみです。ウィズコロナ、アフターコロナ時代は、異なる考えを持つ人たちや国や世代、考え方の異なる他者とどう理解し合い共生していくかが、私たちにとって優先課題かもしれないと感じています。

この本でお伝えした自分や他者、自然との調和をとりながら、エシカルな生き方を求め続けていく姿勢が、そのヒントとなるのではないでしょうか。

私は今思い描いていることがあります。エシカルな革命を日本全国に普及していくだけでなく、日本からアジアをはじめとする国々へ、そして世界中に広まっていく未来です。それが実現していったら、どんなに楽しいんでしょう！

活動をはじめてから約17年。多くの方の導きによってここまでくることができました。エシカル・コンシェルジュや法人会員の皆様をはじめ、協会を支え関わってくださったすべての方、愛する協会のチームにこの場を借りてお礼申し上げます。

こうして本を書いてみると、私の人生はたくさんのエシカルにおけるパイオニアの皆様によって支えられてきたことがよくわかりました。改めて敬意と感謝の意を表します。またこの本を一緒につくり出してくださった江藤ちふみさん、山川出版社の皆様にも心から感謝申し上げます。一番の理解者であり、応援者でいてくれる父と母、家族にもありがとうと伝えたいです。そして、最後まで読んでくださった読者の皆様、ほんとうにありがとうございました。

さあ皆さん、じゅんびはいいですか？

世界中の人たちや生き物とハーモニーを奏でながら、エシカルな世界をつくる美しい歌を共に歌いませんか？

そう、旅には美しい歌がよく似合います。一緒に軽やかなメロディを口ずさみつつ、誰も体験したことがない新しい未来を築く旅を続けましょう！

２０２１年10月
地球の恵み溢れる秋の日に

一般社団法人エシカル協会代表理事　末吉里花

末吉里花（すえよし・りか）

ニューヨークで生まれ、鎌倉で育つ。一般社団法人エシカル協会代表理事。慶應義塾大学総合政策学部卒業。TBS系『世界ふしぎ発見！』のミステリーハンターとして世界各地を旅した経験をもつ。エシカルな暮らし方が幸せのものさしとなる持続可能な社会の実現のため、日本全国でエシカルの考え方やエシカル消費の普及を目指している。著書に『はじめてのエシカル：人、自然、未来にやさしい暮らしかた』、絵本『じゅんびはいいかい？：名もなきこざるとエシカルな冒険』（ともに山川出版社）ほか。日本ユネスコ国内委員会広報大使、東京都消費生活対策審議会委員、日本エシカル推進協議会理事、日本サステナブル・ラベル協会理事、地域循環共生社会連携協会理事、SOMPO環境財団評議員、花王株式会社ESGアドバイザリーボード、NPO法人FTSN(Fair Trade Students Network)関東顧問、認定NPO法人フェアトレード・ラベル・ジャパン アドバイザー、ピープルツリー アンバサダー、環境省中央環境審議会循環型社会部会委員。

https://ethicaljapan.org

参考文献

『A sense of Rita Dialogue with TAKESHI KOBAYASHI』ap bank、2021年

斎藤幸平『人新世の「資本論」』集英社、2020年

末吉里花『はじめてのエシカル：人、自然、未来にやさしい暮らしかた』山川出版社、2016年

ティク・ナット・ハン『仏の教えビーイング・ピース：ほほえみが人を生かす』棚橋一晃訳、中公文庫、1999年

デイビッド・モントゴメリー『土・牛・微生物：文明の衰退を食い止める土の話』片岡夏実訳、築地書館、2018年

パウロ・コエーリョ『星の巡礼』山川紘矢・山川亜希子訳、角川文庫、1998年

宮沢賢治『新・校本宮澤賢治全集』筑摩書房、1997年

＊本書に出てくる所属・肩書等の内容は刊行同時のものです。

＊ネット通販を利用する際の［備考欄］などの記入例

件名：包装の簡易化をお願いします

気候変動対策とゴミ削減のために、紙やプラスチック類等による包装の削減をお願いできたら嬉しいです。

以下、可能な範囲でご対応いただけましたら助かります。

・納品書やチラシ、カタログ、ショップカード、過剰な緩衝材などは不要です。
・緩衝材が必要な場合は、古紙や古新聞で結構です。
・すでにパッケージされている商品はプラスチック袋に入れず、箱に直接入れていただいて構いません。
・ダンボールも含めて、包装資材はなるべく再利用品や古紙をご活用ください。

知る

変化の多い毎日です。学びながら行動、考えながら行動するのがおすすめ。

- □ 国内外のニュースに関心を持つ
- □ わからないことは検索する
- □ 詳しい人に直接話を聞いてみる
- □ ロールモデルから学ぶ
- □ 本や新聞・雑誌などで情報を得たり、考えを深めたりする
- □ 講座などに参加して、知識や習慣をアップデートする
- □ ときどき今の生活をエシカルな視点で見直す

私をもてなす

自分の内側と向き合う時間を作り、内と外のバランスをいいあんばいにしたいものです。

- □ 自然に触れる時間を作る
- □ 歩いたり、体を動かしたりしてリフレッシュ＆リラックス
- □ 感謝して食事をいただく
- □ 早寝早起きを心がけ、太陽のリズムと共に動く
- □ 深呼吸する
- □ 自分にも相手にも完璧を求めない
- □ 詩を書いたり、絵を描いたりする
- □ 寝る前に瞑想してみる
- □ がんばった自分を褒めてあげる
- □ よく笑う！

☐ ひとりひとりがゴミの分別を心がける
☐ 紙ゴミやプラスチック削減を心がける

参照：Operation Green「オフィスでできるエコな取り組み」

繋がる

ひとりで抱えず、いろいろな人とシェアしていくのが続けられるヒント。

☐ 家族や子どもたち、周りの人たちとエシカルについて話をする
☐ 社会課題を解決するための地域の取り組みやイベント、勉強会に参加。あるいは、主催する
☐ 自分が暮らす地域で仲間を見つける
☐ 政治家や地元議員と話す機会を作る
☐ 地元議員にメールやFAXで自分の意見を伝える
☐ 地元議員の政治信条を知るためにアンケートを送ってみる
☐ 気候変動に具体的な取り組みをしてくれそうな議員を応援する
☐ 選挙の投票に行く
☐ パブリック・コメント（行政機関が政令や省令などを決める際に、インターネットなどで一般市民から意見や情報を募集する手続き）を書く
☐ 自分の賛同する署名活動に署名をする（ネット署名も含む）
☐ 好きなブランドや店、企業にポジティブな声を届ける
☐ 買い物や食事の際、必要ないものには理由を添えて断る*
☐ エシカルなお店や暮らしの情報、自分の思いなどをSNSでシェアする

- □ フェアフォン(FAIRPHONE)　https://www.fairphone.com/en/

【交通】

- □ 移動手段はなるべく徒歩か自転車、公共交通機関
- □ 車で移動なら相乗りかレンタカー、カーシェアを利用
- □ 車を買い替えるときはエコカーを選ぶ

【お金】

- □ 利用している銀行や保険会社が環境や社会に配慮しているか問い合わせる
- □ 投資をしている企業が環境や社会に配慮しているか問い合わせる
- □ 自分が関心のあるテーマに取り組んでいる民間団体に寄付をする
- □ ダイベストメント(貯金している金融機関や投資している会社が、環境や人権に配慮していない場合、貯金や投資金を引き揚げて、別のところに移す)

働く

家庭だけでなく、オフィスでもできることがたくさんある。

- □ 自分の職場で省エネや緑化など環境対策を進める
- □ 職場の電力を再生可能エネルギーに転換
- □ 職場の備品や消耗品をエシカルな製品に切り替える
- □ 取引先が働く人や環境に配慮している会社か見きわめる
- □ 職場でエシカルやSDGsの勉強会を開く
- □ 食堂のメニューにフェアトレードや動物福祉、地産地消のものなどを取り入れる
- □ WEB会議やオンライン決済を導入しペーパーレス化をはかる
- □ リモートワーク、フレックス制度など持続可能な働き方を提案する
- □ オフィス家具は修理・修繕しながら利用して長く使う
- □ コピー用紙はなるべく裏紙を活用する

□ リサイクル、アップサイクルされたもの
□ ヴィンテージやセカンドハンド

【コスメ】

□ 動物実験をしていない
□ オーガニックの認証ラベルがついている
□ パッケージが環境に配慮されている
□ 容器をリサイクル回収している

▶▶私のアクションはこれ！

□ 使い捨てのものはなるべく使わない
□ ゴミの量をはかり、減らす努力を
□ ゴミの分別、リサイクル
□ 節電、節水を心がける
□ 自宅の電力を再生可能エネルギーに切り替える
□ 広告や納品書、コピー用紙などの裏面を再利用
□ 洗剤の詰め替えをするなど空き容器の再利用を考えてみる
□ シャンプーやコンディショナーは固形石けん
□ 自然由来の界面活性剤である石けん（固形・液体）の利用
□ マイボトル、マイ箸を携帯する
□ 今あるものをリペアしながら大切に使う
□ 省エネのためにキャンドルナイトの日を作ってみる
□ できるかぎり、洗濯ものは自然乾燥させる
□ ジッパーつきのプラスチック袋を使う場合は再利用
□ リターナブル容器、リユース回収を利用

▶▶その他、暮らしの中でできること…

【携帯・パソコン】

□ スマートフォンやPCはモデルチェンジごとに買い替えない
□ 難民が修理しているリユースPC（ZERO PC）　https://zeropc.jp/mission

▶▶私のアクションはこれ！

- □ 自分のクローゼットを整理して持ち物を把握する
- □ リペア・リデザインしながら長く愛用する
- □ 洋服のエクスチェンジ（交換）会に参加
- □ 持っている服で新しい着回しを考える
- □ 着られなくなった服はリサイクルする前にゆずる、売る
- □ なぜ安いのか疑う
- □ 祖母や母からゆずりうける

暮らす

ずっと続く（持続可能な）ものに囲まれていると、毎日がもっと嬉しい。

▶▶こんなものさしで考えよう！

【日用品】

- □ 認証ラベルがついている
- □ ティッシュやトイレットペーパーはFSC認証がついているかリサイクルされたもの
- □ 洗剤はRSPO認証がついているもの
- □ シャンプー類や液体洗剤などは、詰め替えられる製品かパッケージが環境に配慮しているもの
- □ シーツやタオルはオーガニックコットンや竹布など持続可能な素材を使用している
- □ スポンジなどはヘチマやたわしなど自然素材

【家具・インテリア】

- □ 原材料が間伐材や地産の素材を使用している、FSC認証がついている
- □ 長く愛着をもって使い続けられるデザイン

☐ ソイミートなど代替肉や植物由来の乳製品にしてみる
☐ 料理をするときは保温カバーを使って省エネ
☐ なるべく国産品を選ぶ

装う

身につけるものが自分らしさと他者への思いやりにあふれているように。

▶▶こんなものさしで考えよう！

【ファッション】

☐ ほんとうに自分にとって必要なものか
☐ 生産者の顔が見える
☐ 持続可能で循環可能な素材を使用している
☐ フェアトレードやオーガニックコットンなどの認証ラベルがついている
☐ 毛皮や革が使用されていない、またはビーガンレザー（合成皮革）を使用している
☐ 動物福祉に配慮したダウンを使用している
☐ ヴィンテージやセカンドハンド
☐ 国産で伝統技術が活かされている
☐ ブランドのHPに作る過程で環境に配慮していることが明記されている

【ジュエリー】

☐ 紛争に関与していない（キンバリー・プロセス認証など）
☐ フェアマインドゴールド認証（生産過程で環境汚染や強制労働、児童労働がないと認定されたゴールド（金）に与えられる認証）がついている
☐ リサイクルされた素材や資源を使用している
☐ ヴィンテージやセカンドハンド

今日から始めるエシカル・アクションガイド

地球１個分の暮らしに向かう旅のお供には、「エいきょうを　シっかりとカんがえル」視点があると頼りになります。ここで紹介するアクションは、私たちができることのほんの一部。まずはあなたが暮らしの中で大切にしたいことを考えて、「行動するエシカル」を実践してみてください。

食べる

１日３回の選択。私にいいが世界にいいとつながると、もっと美味しい。

▶▶こんなものさしで考えよう！

- □ 自分が住む地域の近くで作られている
- □ 環境負荷の小さい旬のもの
- □ 生産者の顔が見える
- □ 児童労働や人権侵害がないフェアトレードの認証ラベルがついている
- □ 農薬や化学肥料などを使用していないか極力減らしている
- □ 動物福祉や動物の権利に配慮している
- □ 容器やパッケージがプラスチックフリー
- □ 食品ロス削減につながる不ぞろいのもの

▶▶私のアクションはこれ！

- □ 調味料や保存食、発酵食品などは手作りに挑戦
- □ ハーブや野菜など自家菜園で育ててみる
- □ ご近所や友人とおすそわけ、物々交換
- □ はかり売りなどを利用し、食べ切れる量を買う
- □ 野菜などの皮もベジブロスとして料理で使う
- □ どうしても出てしまう生ゴミはコンポスト
- □ 環境に負荷が高い牛肉はなるべくとらない

編集協力　江藤ちふみ
デザイン　辻祥江
イラスト　西淑
Special Thanks　辻井隆行

エシカル革命《かくめい》
新《あたら》しい幸《しあわ》せのものさしをたずさえて

二〇二一年十二月十五日　第一版第一刷印刷
二〇二一年十二月二十日　第一版第一刷発行

著　者　末吉里花
発行者　野澤武史
発行所　株式会社山川出版社
〒一〇一-〇〇四七
東京都千代田区内神田一-十三-十三
電話〇三-三二九三-八一三一（営業）
　〇三-三二九三-一八〇二（編集）
https://www.yamakawa.co.jp
振替　〇〇一二〇-九-四三九九三

印刷・製本　図書印刷株式会社